菌は語る

ミクロの開拓者たちの生きざまと知性

星野 保
Tamotsu Hoshino

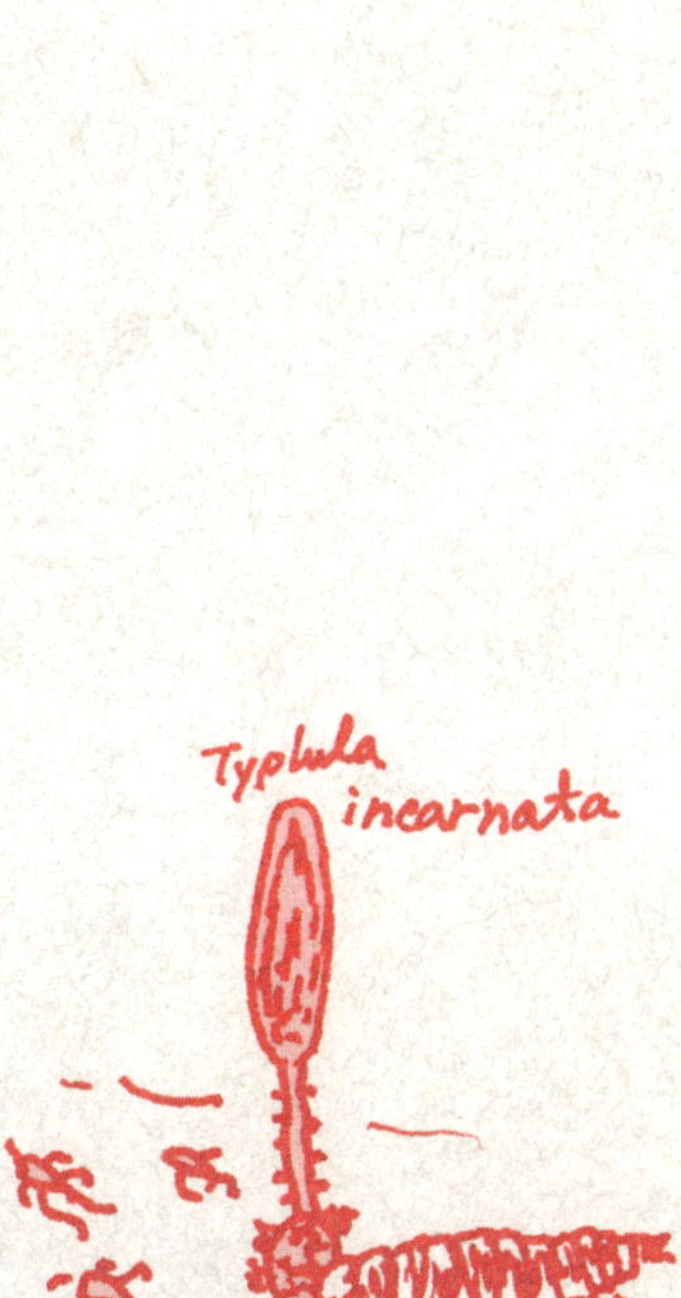

春秋社

融雪直後の岩手県・安比《あっぴ》高原。麓から上の方まで見渡すかぎり、草がトラ柄に枯れている。
すべてガマノホタケの御業だ！

上：可憐に朱鷺《とき》色に輝く、フユガレガマノホタケの子実体（キノコ）

下：雪解け後のみずみずしいフユガレガマノホタケの菌核。晩秋にはまた上のような美しい姿をこっそり見せてくれるだろう

採集したばかりのフキガマノホタケモドキは、妖艶にほのかに白く輝いている

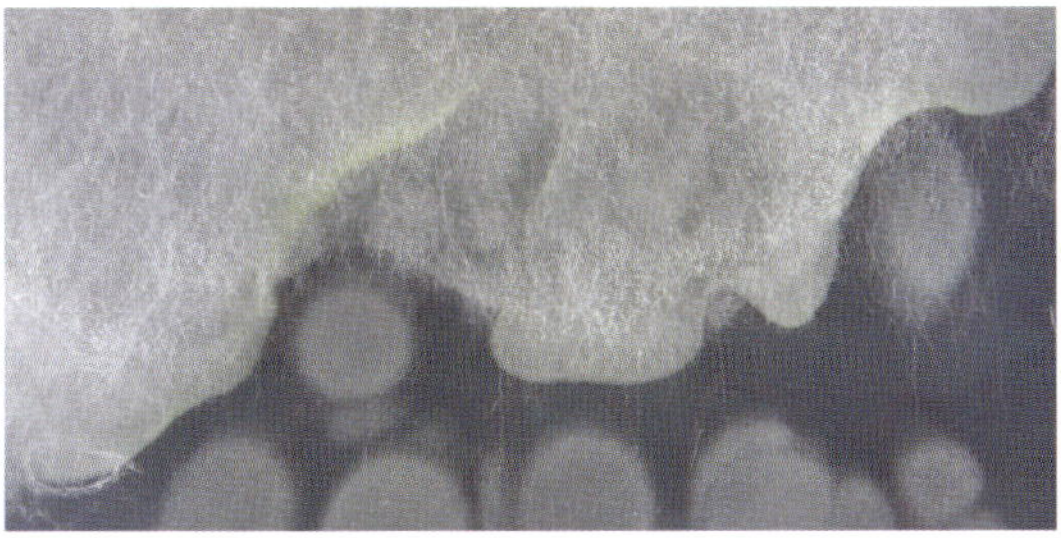

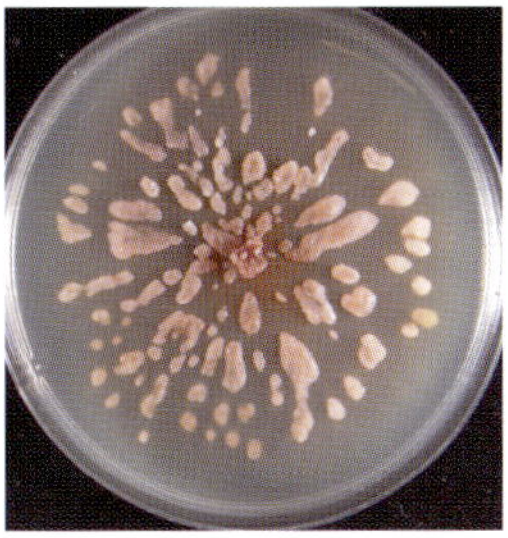

左：円形に並んだモノは、寒天培地の上で胞子から発芽したフキガマノホタケモドキの菌糸。写真上から足の速い接合菌が攻めてきても、あるところで食い止めている。接合菌の成長を止める物質を生産しているのかもしれない　右：やがて見たこともない形の菌核を作る

シャーレの蓋に基質ごと両面テープで止めて、培地を敷いたシャーレの上にかぶせて、冷蔵庫に入れる。翌日寒天培地の上に白く胞子が落ちた跡があれば成功だ

キノコの根元をよく見ると、小さなダニが歩いていることがある。彼らが培地の上を歩くと足跡にそって細菌が増殖して往生する。ただ、あちらの事情も考えずに連れてきたのは私なのだ。文句を言うのは筋違いだろう

イラン北部で採集したガマノホタケの菌核。アップで見るとなかなかの美的センスを感じる

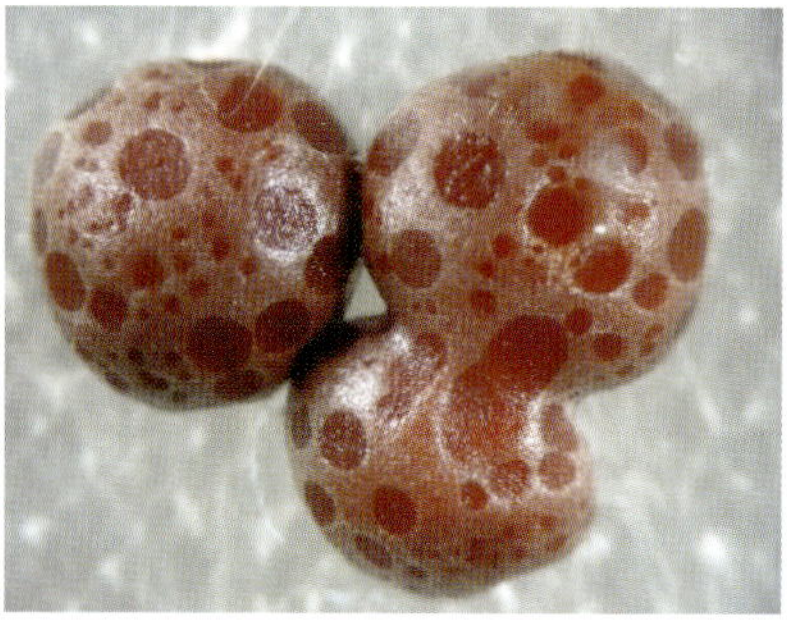

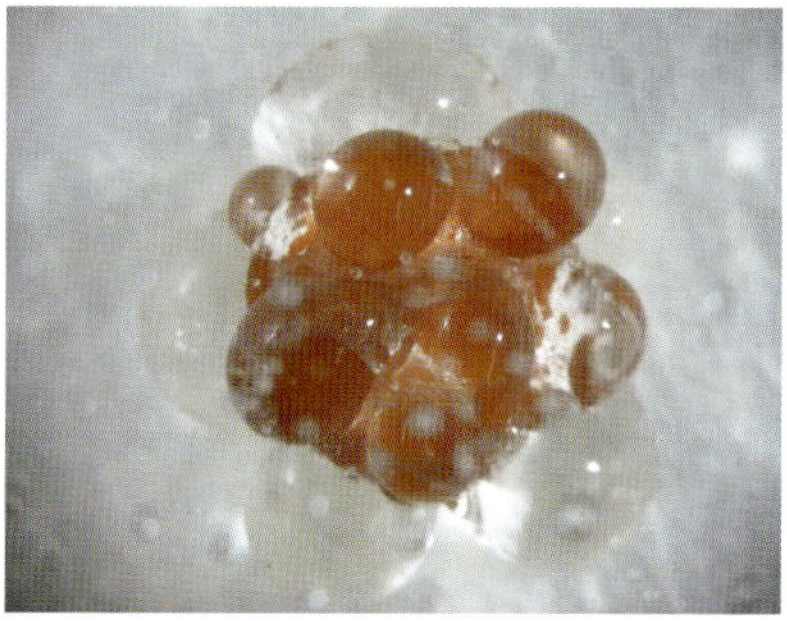

人工的に培養した担子菌、白絹病菌の菌核表面はうっすらと水玉模様の菌糸に覆われていることがある。これは菌核表面についた水滴（右、これも菌の分泌物？）を避けて菌糸が成長するからだろう

菌核一粒も見逃さないために一列になって採集する（嘘）。師匠が眼鏡を落として、皆で探索する様子（北海道・八雲町）。本当のお目当ては、もちろんイシカリガマノホタケの菌核（右）だ。このサイズはほぼ原寸に近い

はじめに

【切手紹介】本稿を依頼された際、私は**左**の切手（モルドバ、2013年）中央の小さい人のように、にこやかな笑みを浮かべて快諾したが、内心、**右**の切手（中国、1977年）のように寒空だろうが、のぼりでも掲げて駆け出したい気持ちだった！　実際そうしなかったのは、冬道で転んでケガをしても、その理由を明かしたくないとの自分への忖度が働くほど、私が十分大人だからだと思う。いずれの切手の図案も、雪解け後に周りを探すと雪《ゆき》腐病《ぐされびょう》菌《きん》がいるかもしれない。以後各章の扉代わりに、私の「雪腐病菌がいるかもしれない風景」あるいは「世界のキノコイラスト大集合」切手コレクションから、これは！という逸品を無用に熱く紹介したい。

雪の下の菌を追って

人様を「菌」呼ばわりすることは、普通イジメだ。しかし、この世界には多くの例外があるように、苗字に菌を付けて呼ぶと、喜々として駆けつける人々がいる。これはプロアマを問わず「菌好き」の面々で、私もその一人だ。私の家族とは別次元で大好きなガマノホタケは、*1 因幡《いなば》の白兎の最重要アイテムである蒲の穂に形が似ていることによる命名だ。この菌は、数年前からごく一部の菌好きに星野菌*2とも呼ばれており、キノコにしてもあまりに小さく、傘がない（が、柄はある（**写真1**）。このため、不覚にもこのキノコが網膜に映った菌好きの多くは（同定／鑑定不能と判断し）何も見ていないと、自らの記憶を改ざんしている。

写真中央に見える葉柄の太さから、このキノコどんだけちっちゃいのよ！ってことがイメージしていただけると思う。これでもれっきとしたキノコですよ（キッパリ）。さらに乾いて縮んでしまうと、枯葉に白い毛がまばらに生えている感

*1-1　担子菌の一属、*Typhula* (Pers.) Fr. 1818 の日本語の呼称は、ガマノホタケが正しい（今井 1929）。少し古い文献にはガマホタケと「ノ」抜きで記述されたものがある。文献を辿っていくとガマノホタケ属を命名した今井三子《さんし》先生（男性）の上司、伊藤誠哉先生が記した『日本菌類誌』第2巻4号（1955）が誤記の初めだと思う。弘法も筆の誤りにより、超マイナーなキノコのため50年くらい間違われていたのは不憫だ。

写真1　落葉に発生したガマノホタケ（*Typhula* cf. *quisquilaris*　和名なし）の生の子実体（キノコ）。試料採集・写真提供：杉本泉氏。

＊1-2　*Typhula* 属以下にある Pers. と Fr. は、本属の設立に関わった著名な菌学者 Persoon と Fries の略称。著名な研究者は、何度も出てくるため略称を用いられることが多い。ちなみに Hoshino がすでに登録されているため、私は Tam Hoshino となる。銅鑼《どら》（Tam Tam）じゃないのに……。

＊1-3　C. H. Persoon は、１８０１年にシロソウメンタケ *Clavaria* 属からガマノホタケ属の分離を提案し、菌学の父と称される E. M. Fries により１８１８年、正式に新属として提案された。このへんのくだりは、wiki などで調べられる。

＊1-4　国内では、１９０７年札幌にて伊藤誠哉先生が融雪後の秋蒔き小麦からフユガレガマノホタケ *Typhula incarnata* の菌核を採集し（Imai 1936）、１９０８年秋田県大曲で同様に発生した菌核を卜蔵《ぼくら》梅《うめ》之丞《のじょう》氏が菌類病と記したことに始まる（卜蔵 1926）。ここまでが公開記録なのだが、私が標本調査中に今井・伊藤両先生の師匠に当たる宮部金吾先生が１８９５年！に採集した標本を見つけた（写真2）。どうしてこの記録が公表されなかったかは、わからない。

じになって、もう見つからない。生の状態でもその気がなければ、視野に入っても認識しないだろう（cf.はラテン語confer（参照）の略。キノコを見て、○×だと思うんだけど……など、自信がないときに用いられる）。

私は、この小さな菌の一ファンとして、極地から砂漠まで雪の下で生活する彼らを付け回し、その観察から日本の鉱工業に貢献するとうそぶいて今日に至っている（詳細は「星野保菌類一代記全2巻（仮）」および「同外伝全1巻（笑）」が出版されるよう祈っていただくか、ググってください）。

男子の多くは、幼少のみぎりから女子の冷ややかな目を気にしつつ、「乗り物派」・「恐竜を中心とした生き物派」・「ヒーロー・戦隊派」など派閥に属している。私は、生き物と特撮ヒーローに大きな関心をもったまま、五十肩をとうに経験している。

そんな私が、菌類と巡り合ったのは、偶然だった。卒論と修士論文で麹《こうじ》菌による鰹節《かつおぶし》の製法を利用した魚粉の脱脂（日本に国菌があり、その一つに麹菌が入っていることを知ってます?）を、博士論文で植物病原菌のもつ変わった性質の酵素を利用し、魚油中の有用成分（頭が良くなると話題のＥＰＡ・ＤＨＡなど）を濃縮する

写真2　日本最古の雪腐病菌標本のラベルの一つ。

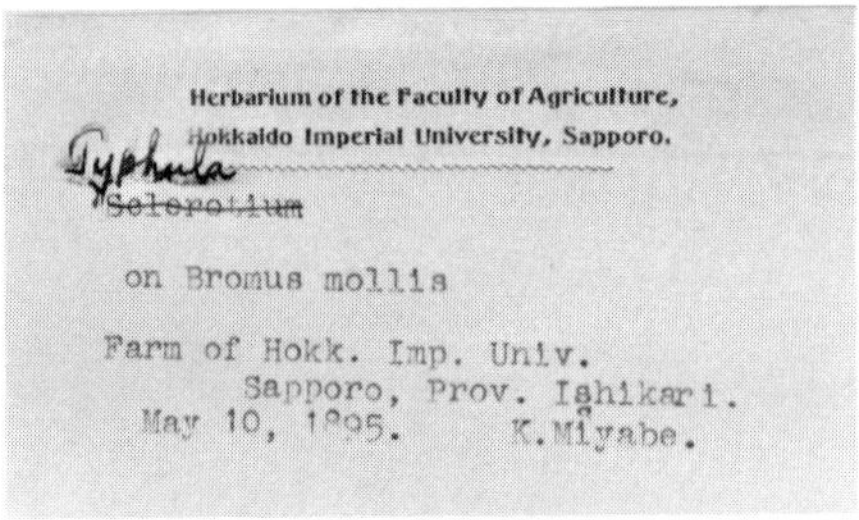

1895年5月10日におそらく宮部金吾先生が、北大農場にて採集したもの。他のラベルの記述を参考にすると「Sclerotium」はガマノホタケの菌核（ジャガイモの芋やヤマイモのムカゴのようなもの、第2章にて詳述）ではなく、*Sclerotium* 属を示すと思われる。菌核のみ見出した場合、本属の名

方法を研究していた。菌類は研究に使用する生きた試薬のように思っており、特別な思いはなかった。

それが大きく変わるのは、就職し、寒冷地に生きる生物を研究し、産業に役立つ技術を開発する研究に携わってからだ。テーマ選定から任され、いろいろと思い悩み、友人たちに相談する中で、雪の下で活動する菌たちを紹介された。つまりご友人のご紹介でお付き合いが始まったことになる。詳細は第2章以降でもう、読者の皆さんがドン引き寸前まで気合を入れて紹介するが、飼ってみるといや、もうこれが可愛いのです。菌が可愛い？と思うかもしれないが、採集地の異なる菌株（他の微生物や性質の異なる同種などが除かれた微生物の集団）を並べて培養すると、少しずつ違った姿を私だけに見せてくれる。やはり菌はよい。

以前、ファン活動の一環として、これまでのガマノホタケ愛を前面に押し出し、特に雪腐病菌《ゆきぐされびょうきん》と呼ばれる、積雪下で越冬する植物に対して病原性を示す菌類のファンブック（『菌世界紀行——誰も知らないキノコを追って』岩波書店、2015）を上梓した。ここで学術論文に記すことの難しい研究者の主観を熱く記述した結果……さまざまな苦言をいただく羽目になった。特にガマノホタケ・雪腐病菌を巡る学術的な記述が少ないとの、もっともな意見はひどく堪《こた》えた（今見返すと多く見

称を用いることが多かったが、近年はDNA鑑定で属が推定できることが多いので、あまり用いられない。修正線を入れて「Typhula」と記した筆跡は今井先生と思われる。

＊2　専門とするキノコが「自分の苗字＋菌」で初めて呼ばれたとき、木洩れ日がスポットライトのように自分に降り注いでいる気がして、大変気恥ずかしかった。

積もっても5分の1だった)。さらに追い打ちをかけるように、菌のところを読み飛ばしても面白いとの感想もあり、いよいよ複雑な心境になった。

単著の書籍を出版するなど人生一度っきりの出来事で、私の想いは自分が荼毘に付され、散骨されるまでの心残りと思っていたら、春秋社の敏腕(仮)編集者から連絡がきて、新たな転機が訪れた。編集者とメールでやり取りを繰り返すと、私に対する対応があまりに丁重すぎる。もしかすると歌って踊れて筆も立つ俳優の星野源氏と間違えているのではと*3不安になった。その後、私は声色《こわいろ》を変えず編集者に電話し、人違いではないことに安堵するとともに、面通しの後、菌に関するこの原稿を依頼された。*4

菌類のことを書くにあたって、私の希望としては、自分にしか書けないと信じる事柄を解説したい*5し、それしかできないと思う。菌類全般に関しては、最近も優れた成書*6が立て続けに出版されているので、あわせて参照していただきたい。

本書では、まずここまでしれっと、特に解説を加えず書いてきた「菌類」とは何なのか?を他の微生物と比較しながらわかりやすく説明する(第1章)。中でも寒さを好む菌類について可能な限り広く解説したい。次に私の好きな雪腐病菌

*3　たしかに名前も漢字一字違い。執筆時は関東在住、昭和生まれの眼鏡をかけた日本人で、体重100キロ以下、年齢100歳未満の成人男性と、共通点は多い。

*4　本書は春秋社のWebマガジン「はるとあき」の全8回連載(2018年4月〜2019年2月)をもとに加筆修正を行った。

*5　私と同い年で、一方的に敬愛する植物学者の塚谷裕一氏の著書(『漱石の白くない白百合』文藝春秋、1993)に同様の記述を見出し、唸ってしまった。同じことにたどり着くまで、20年くらいの時間差がある。

*6　例えば、白水貴『奇妙な菌↗

（第2章）と極地に棲む菌類たち（第3章）を熱く語る。その後、これら菌類の生き方を通して、寒冷地に菌類がどのように適応してきたのかを、今そこで見てきたかのように説明する（第4章）。さらには、私たちのご先祖様たちと雪腐病の出会いを遡り（第5章）、不死の存在とも思える菌類の世代交代（第6章）や記憶の有無から菌類との対話は可能なのか論じる（第7章）……と、後に行くほどムチャをする。

本稿は客観的事実を8割、著者の主観2割で構成し、私の妄想や霊媒による自動筆記ではないことの証明のため、詳細な注釈と参考文献で裏が取れるようにした。あまりに内容が細かいようなら読み飛ばしてもらっても構わない（↑オイオイ自分で言うか?）。寒さと生きる菌類たちの生き方を知り、皆さんのものさしを伸ばしてほしい。郷里を離れ○×菌と呼ばれることがあっても、腐すことなく鼻を鳴らして笑い飛ばす、そんな一助になれば、望外のよろこびである。

類――ミクロ世界の生存戦略』（ＮＨＫ出版、2016）、深澤遊『キノコとカビの生態学――枯れ木の中は戦国時代』（共立スマートセレクション19、共立出版、2017）、大園享司『基礎から学べる菌類生態学』（共立出版、2018）などがある。いずれも過剰な煽りなどなく、最新の知識をわかりやすく紹介している。特に白水・深澤両氏の著書は、ややもすればエキセントリックに見える著者それぞれの性格が、読み取れないよう文体が工夫されていて、極めて興味深い。

菌は語る――ミクロの開拓者たちの生きざまと知性　目次

菌は語る——ミクロの開拓者たちの生きざまと知性

第 1 章
寒さと生きる菌類とはどんな生き物か

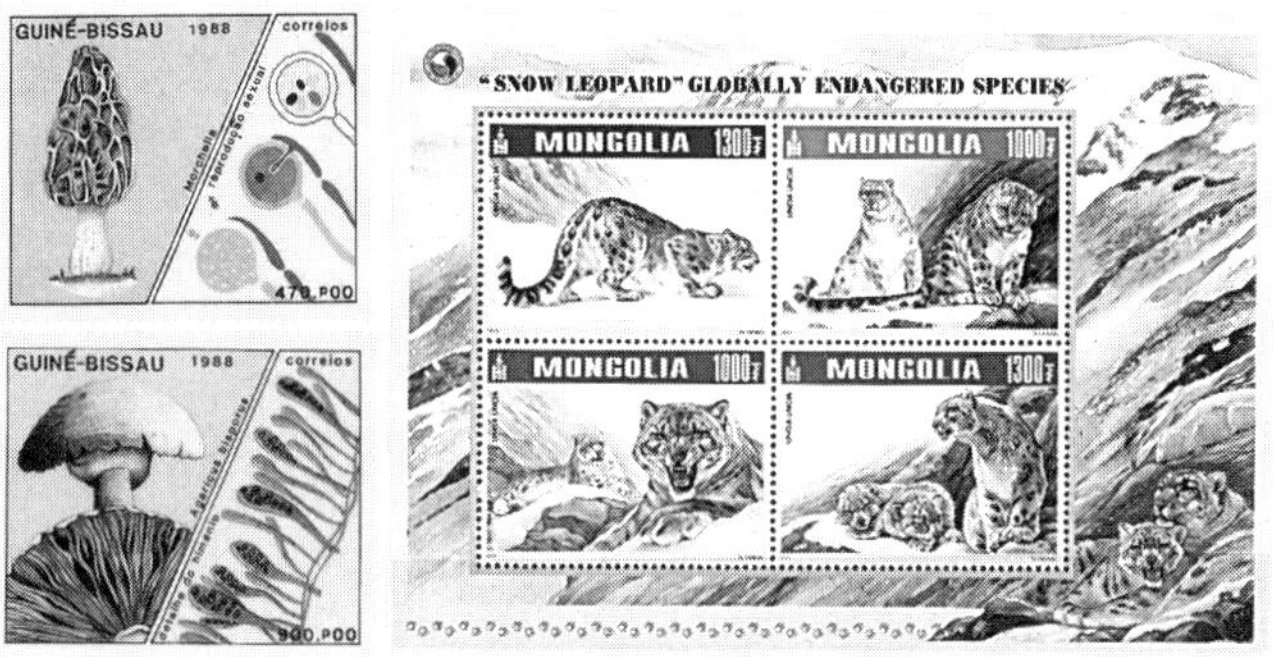

【切手紹介】左２枚：キノコ切手界の問題作（ギニアビサウ、1988年)。切手の左側がキノコ全体図、右側が胞子などの拡大図と解釈すると思うのだが、となるとこれめっちゃヤバいですよ(ﾟДﾟ;) 対象に愛がないとこうなっちゃうのか？ どこがどう痛いのかは、本章を読めばわかるはず。
右：雪が赤く、彩色されている。これはどう見ても夕日じゃなくて、赤《あか》雪《ゆき》だな（モンゴル、2015年)。こんな藻類祭りに、ツボカビが参加しないはずがないと思う。現地で顕《けん》鏡《きょう》（顕微鏡を用いた観察）してみたい。

微生物とはなにか？

本書をご笑読中の全国1億2000万人超の菌好きの皆さん、「菌」に一般の方が、どんな印象をもっていると思いますか？　そりゃ、バイ菌だろうという意見が残念ながら圧倒的だ。でもね、バイ菌と十把《じっぱ》一絡《ひとから》げにできるほど菌の世界は単純じゃない。昭和天皇は、「雑草という名の草はない」[*1]と生物学者が聞いたらだれもが納得する素晴らしい名言を仰った。どなたか高貴な方が「バイ菌という名の菌もない」とキッパリ・ハッキリ言い切っていただけると、世界中で溜飲を下げる研究者が五万はいるはずだ。

さて、菌を少し格式ばって呼ぶ「微生物」という言葉に、実は明確な概念はない。細菌類（大腸菌や乳酸菌とか）・菌類（酵母・麹菌・シイタケとか）・微細藻類（クロレラ・ユーグレナとか）・原生生物（アメーバとか）とウイルス（インフルやノロ

＊1-1　正確には、昭和天皇の元侍従、田中直《なおる》氏が1965年頃のご発言として、「どんな植物でもみな名前があって、それぞれ自分の好きな場所で生を営んでいる。人間の一方的な考えでこれを雑草としてきめつけてはいけない」と記している（入江相政編『宮中侍従物語』ティビーエス・ブリタニカ、1980、p.229）。

＊1-2　自称日本植物と心中する男、牧野富太郎博士（誕生日が植物の日になっている！）に同様の発言がある（笠間 2001）。雑誌「日本魂《こん》」の記者であった清水三十六《さとむ》氏（作家山本周五郎の本名、大正14年頃入社、昭和3年10月退社：『山本周五郎全集 第30巻』新潮社、1984より）は、牧野博士と対談し、「世の中に雑草という草はない。どんな草だってちゃんと名前がついている」と言われたとされる。

とか）までをまとめて微生物と呼んでいる。ヒトの世界で低身長の代名詞であるミジンコや豆は、れっきとした動物や植物だ（反応してアンテナを逆立てる必要はない）。

いや微生物って、顕微鏡を使って観察する生き物まとめてでしょって、ツッコミが入りそうだが、そうすると動物の精子や植物の花粉のように生活環（個体の誕生・成長から次世代への交代までの過程）の一部を確認するために顕微鏡が必要になるモノもいる。一方で細胞をもつ微生物の中で一番小さいとされる細菌でも、細胞一つの直径が0・75ミリメートル（平均0・1〜0・3ミリ）に達するヤツがいる。*2 肉眼で見える限界が0・1ミリ程度なので、きちんと裸眼で見える（が、老眼では無理かもしれない）し、集団になれば目を細めなくてもちゃんとわかる（写真1−1）。ストロンボナイト*3は、光合成する細菌の一種、ラン藻《そう》（シアノバクテリア）が成長の過程で粘液物質を生産し、砂泥などを巻き込みながら徐々に成長する生きた鉱物だ。賢者の石ではない。

大きさじゃなけりゃなんなのよ！　ならばなにが微生物の違いを決めているのかと言うと、現在では、形（形態）を基に、類縁関係（系統）を考慮し生き物は分類されている。

*2　一般的な細菌の大きさは、1〜数マイクロメートル（1ミリの千分の一）なので、ナミブの硫黄の真珠（*Thiomargarita namibiensis*）と呼ばれる本種は、約25万倍の体積がある（Schulz *et al.* 1999）。これはもう巨大細胞と呼ばれても納得する。

*3　穏やかな内海などに大きなものは直径50センチを超えるものがある。同様の鉱物にストロマトライトがある。現生のストロマトライトやストロンボナイトは、オーストラリアの限られた地域に分布しているが、化石のストロマトライトは地球上に広く分布しており、もっとも古いものは37億年前の生物化石とされる（Nutman *et al.* 2016）。

写真 1-1　オーストラリア西部に見られるストロンボナイト

分類と系統は、求めるゴールは同じだがその過程は異なる。分類は人が生物をもっとも自然なパターンとしてグループ分けすることであり、系統は生物進化のパラメーターを推定する行為だと考える。図1-1は、すべての生き物の類縁関係を模式的に示した系統樹だ。生命の誕生は1回っきりのイベント（これは、茶化した言い方じゃなく、ちゃんとした学術論文に使用される語句）だという証拠はないが、すべての生物に共通するご先祖様を推定できる（図1-1の視点①）。現段階でもっとも古いお墓に参りたいなら、カナダ・ケベック州ラブラドル半島に飛べばいい。[*4]

真核《しんかく》生物はごちゃごちゃしているのでちょっと端折《はしょ》っているが、3つの大きな系統（ドメイン）に分かれる（図1-1の視点③）。これを3ドメイン説という。皆さんのよく知る動物や植物は、それぞれ動物界《かい》・植物界に属していて、住む世界だけでなく分類される世界も違う。しかし、その上のランク（ドメインは、例えると太陽系とか宇宙とかのレベル）で、「真核生物」としてまとめることができる（私たちがよく知る生き物は、大概ここにいる）。バイ菌と一緒くたにされる細菌は、2つの太陽系をまたぎ、カビなど菌類や藻類たちとは世界観どころか、宇宙レベルで

＊4 最大で42億年前と推定される微生物の活動化石が発見された（Dodd *et al.* 2017）。無論、異論もある（＊3のストロマトライトの論文も同じ）が、事実だとすれば地球誕生から数億年の過酷な環境で生命活動が開始したことを意味している。このしぶとさは、関西人気質や東北魂として私たちに受け継がれているかもしれない。

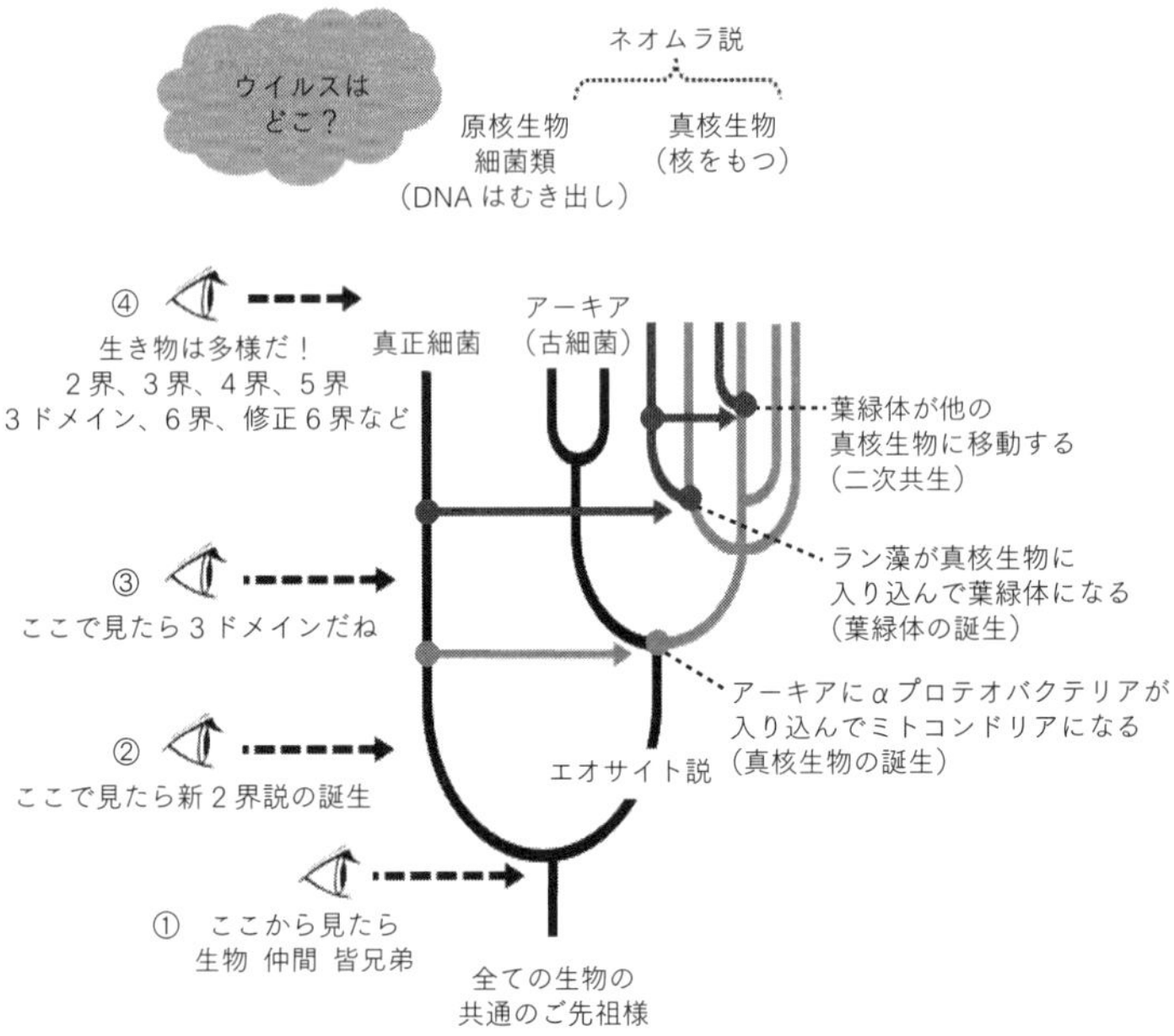

図 1-1　生物の類縁関係を示した概念図

違うくらい別なヤツだ。地球ちっちゃいものクラブのメンバー、それぞれに別の宇宙があるとも言える（うん、仏教系をメインにする出版社らしい展開になってきたぞ）。

細菌類、地球上を席巻する

生命爆誕から時間を追うと、次は「真正《しんせい》細菌」と「アーキア（古《こ》細菌）」と呼ばれる原核《げんかく》生物の細菌類だ（図1-1の視点②）。原核生物とは、遺伝情報の大元《おおもと》であるDNAが細胞の中にむき出しでしまわれているグループだ。基本的に細菌の細胞は、球形か先の丸い円筒形（アーキアには三角もいる）で、これをさらにねじったマカロニみたいなヤツもいる。そして毛（鞭毛《べんもう》と線毛《せんもう》）がない、1本生えてる、あるいはうじゃうじゃ生えてるくらいの形態特徴しかなく、人それぞれだと思うのだが、その形態にときめいちゃったり、スプラッタな恐怖を直接あおられることはあまりないと思う（写真1-2）。ただ、顕微鏡で見ていると運動性をもつ細菌が大量にワサワサしていて、ざわざわした気分になる。

原核生物は、そのシンプルな形態で長く分類が難しいとされてきた。しかし、遺伝子解析の技術をいち早く取り入れることで、地球上に未だ数えきれないほど、多種類の細菌が存在することがわかっている。土壌や海水などの環境からDNAだけを直接抽出する技術が確立され、形すらわからない細菌の存在が「予言」されている。さらに環境中のDNAの解析などから、天空から深海・地下深くまで、文字通り地球の表面上にあまねく広く、細菌類は存在し、その総重量は生物界最大とうそぶく細菌学者がいる。

真正細菌は、乳酸菌・納豆菌など身近な発酵食品や腸内細菌、はたまた食中毒から病気の原因まで多様な種類が存在する。一方、古細菌とも呼ばれるアーキア（ギリシャ語の太古を語源にする）は、真正細菌とは異なる系統の細菌類で、温泉や塩湖など（人間から見た）極限環境から多く発見され、生命誕生初期の地球環境に適応したグループと考えられたため、この名が付いた。現在はさまざまな環境に広く存在が確認されている。[*5]

＊5　アーキアに関しては、ナイスなタイミングで日本Archaea研究会による『アーキア生物学』（共立出版、2017）が出版されている。より正確な知識を深めたい方は読むべし。

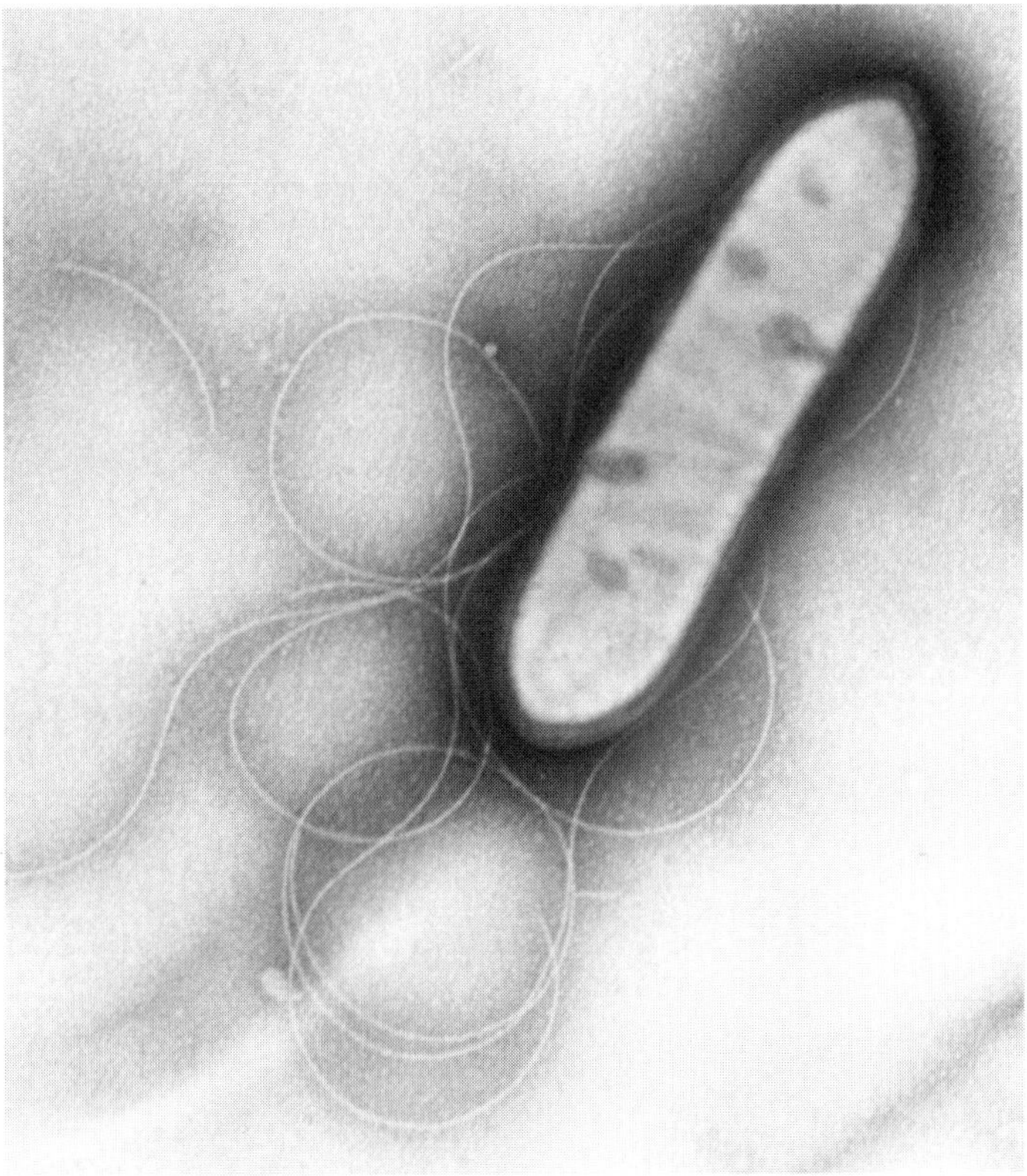

写真 1-2　べん毛をもつ細菌（*Paenibacillus macquariensis* subsp. *defensor*）の電子顕微鏡写真。よくよく見ると細胞表面に分泌物や内部の蓄積物などによる凸凹と模様が浮き出ている。見ようによっては、ぬらりひょんとか面《おも》長《なが》の落ち武者の顔とかに見えなくもない。

真正細菌・アーキアともに、生物が光合成を発明（特許番号不明）する前から存在しているので、当然のように酸素がなくとも生きていけるというか、酸素が嫌いなヤツのほうが年かさだ。この酸素のなかった原始地球の大気組成を大きく変える光合成をあみ出したラン藻も真正細菌の仲間だ。こう書いていくと細菌の歴史は、地球生命の歴史だ。細菌を愛する人たちが、彼らの驚くべき能力を鼻高々に語るのもわかる気がする。

合体して進化する！

ラン藻祭りによって、地球大気中の酸素濃度が上昇すると、嫌気《けんき》性（酸素嫌いの）細菌類には毒だった酸素を利用する細菌が出てくる。なにせ有機物を燃やせば、暖が取れるように、酸素と結びついて大きなエネルギーが出る代物だ。酸化は美容の大敵だが、得られるエネルギーは、酸素なしの状態と比べものにならない。古代細菌世界も弱肉強食なのか正確にはわからないが、私が焼肉定食ごはん

＊6　化石の残りにくい微生物の進化は、証拠が少なく謎が多い。昔から大胆な説が現れては消えている。なにせ今は絶滅したかもしれない微生物の機能をも想像しな

大盛りを注文するのは、この約20億年後になる。[*6] アーキアが大型化し（なんで？酸素が毒だったから？）、好気性《こうき》（酸素好きな）真正細菌の一種、α《あるふぁ》プロテオバクテリアを取り込み、これがエネルギーを大量生産するミトコンドリアになる（飲み込んだままを食わずにいられる神経がわからない……。まだ神経はないか）。さらにDNAを核《かく》と呼ばれる細胞内の小器官にしまい込むことで、[*7] 真核生物が生じたと考えられている（図1-1の視点③）。

なにせ大昔のことなので子細不明で、ツッコミどころ満載だが、（地球レベルでの）大ピンチに合体して進化するこの過程は、特撮ヒーローさながらだ。この後、ラン藻をさらに取り込み、これを葉緑体とする（三重合体）ことで真核生物も光合成能も獲得する。未だすべてのからくりが明らかにされていないが、真核微生物の間で葉緑体が移動するイベントもある（だから藻類は多様で、一概に〝藻〟と一括りにできない）。細胞分裂ごとに娘《むすめ》細胞の一つが共生藻類を失い、これをさがすべん毛虫ハテナ（〝？〟じゃなくて生き物の名。学名は*Hatena arenicola*）[*8] や食べた海藻から葉緑体を漉《こ》しとって、光合成するウミウシ[*9] などに細胞共生のヒントがあるかもしれない。

こうして生じた多様な真核生物のグループに、細胞の集団化と機能分化や、有

くてはならないからだ。理系の方なら、井出利憲『生物の多様性と進化の驚異』（分子生物学講義中継 番外編、羊土社、2010）、生物にこれまでなじみのなかった方ならば、真鍋真『深読み！絵本「せいめいのれきし」』（岩波科学ライブラリー260、岩波書店、2017）あたりから読み始めるとよいと思う（ああ……でもこれは旧二界説を採用している。生物を動物界と植物界に分け、原核も真核も微生物はみな植物界にいる！古代ギリシャから19世紀まで、生物分類と言えばこの考えだった）。

＊7 共生した細菌DNAの一部を宿主アーキアが取り込み、ミトコンドリアを制御している。このDNAを再び奪われないためか？

＊8 Okamoto & Inoue 2006. 日本語の解説は、以下のURLで確認できる。井上勲・岡本典子「第1回 ハテナという生物：植物になるということ」http://bsj.or.jp/jpn/general/research/01.php（参照 2019-05-31）

＊9 和文の解説は 山本 2008。これは盗葉緑体現象と呼ばれており、事件の匂いがしなくもない。

性生殖（細胞間での遺伝情報の交換）と個体寿命の確立（もうこれら一つ一つがマジ、世紀の大イベントなのだ）によって、私たちを含む大型の生物に至る道筋がある（図1−1の視点④）。

また、細菌やラン藻を取り込むアーキアの系統を重視したエオサイトあるいはネオムラ説[*10]では、もはや構造的に真核生物であること自体が重要ではない。極論すれば、私たちを含め生物は、すべて細菌の系統だとする最近の細菌学者の主張が濃い。真核生物の誕生とその進化について、実験的に証明できる事実や化石に基づく証拠は多くない。しかし、研究者の地道な努力や科学技術の進歩によって、徐々に精度が高いと考えられる仮説に置き換えられている（と皆信じている）。

ここまで読んで、あれ、ウイルスはいないの？と思う方もいるだろう。細胞をもたず、遺伝子が他の生物を利用して増殖するアレは、生物分類での扱いが難しいのだ……そもそもアレは生き物じゃなく、単なる遺伝物質と考える研究者もいる。そう、アレはさまざまある生命の定義から外れていて……アレアレと書くと、名前を言ってはいけない〝例のあの人〟みたいでいかんな。最近でも生物の系統

＊10　エオサイト説：アーキアの一系統群であるエオサイトを真核生物の祖先とする学説。ネオムラ説：真正細菌である放線菌の一系統からアーキアと真核生物が生じたとする学説。

樹にウイルスを入れること自体で大論争になった。[*11] ただ大型のウイルスは、生物から進化したと考えられる証拠がある程度揃っている。私は以前、生命の定義から外れているので、ウイルスは遺伝物質かなと漠然と思っていたが、研究者の熱い意見にほだされて昨年、宗旨替えをした。

*11 この件は、中屋敷均『ウイルスは生きている』（講談社、2016）で生き生きと表現されている。

じゃあ、菌類ってなんなのよ

微生物を通じて、生命の歴史の初期を見渡した長い前振りついでに、真核生物の分類にもちょっとふれておく。さまざまな考えの中で、真核生物を以下の5つのスーパーグループに分ける考え方がある（ももクロが入っていないことは誠に残念だ）。

・アーケプラスチダ（プランテとも：植物と藻類を含む）：真核生物がラン藻を取り込み、葉緑体としたグループ。初めて光合成を獲得した。

・オピストコンタ（動物と菌類など）：1本のべん毛で、べん毛とは反対方向に進む泳法のグループ。

・アメーボゾア（アメーバや粘菌など）：大体のアメーバ状の生物大集合（でもすべてじゃない）。ピリミジンと呼ばれるDNA原料物質を合成する酵素の働きも考慮してまとめられたグループ。

・SAR（ストラメノパイル、アルベオラータ、リザリアを含むスーパーグループ。その名はそれぞれの頭文字から）：その他大勢のうち比較的大きな3団体が集結した。それぞれにアーケプラスチダから葉緑体を獲得したり、失ったりしている。結果として最大グループで極めて多様な生物が所属している。

・エクスカバータ（ユーグレナなど）：寄生や嫌気環境などで活動する変わったヤツが多いグループ。ミトコンドリアの構造も変わっているモノも含まれる。

（右のスーパーグループに入らない無派閥の生物も多く存在する。彼らの生き方を探ることで真核生物の過去と未来がわかると思う。〰〰は広義の菌類を含むもの、══は光合成する生物を含むもの。）

えー！……なにこれ、カタカナとアルファベットの羅列でしょ、まったく受け入れられない、と思うあなた。胸に手を当ててお考えください。ご自身の心臓の鼓動以外に、マニフェスト《選挙公約》とか、マネーロンダリング《資金洗浄》やポートフォリオ《???》、OSS《帰ろうと思うと更新したがる》、SE《瑞典の国別コード》、EV《最近の車》、VA《アーバスキュラー》菌根など（ちゃんとしりとりで菌に戻った）、これまでも、なにこれって言葉に翻弄されているではないですか。生物分類も時代と共に新たな概念が提示され、進歩しているのです。これも何かの巡り合わせと思って受け入れる方向で努力しましょう。

先に書いたように遺伝子解析技術の進歩によって、ヒトから細菌までDNAを比較し（ウイルスをハミして）、一つの系統樹の中で示すことができるようになった。この中で私たち動物と、カビやらキノコや酵母など菌類は、共にオピストコンタに属している。つまり、動物に一番近いグループは、植物でもアメーバでもなく菌類なのだ。この文章を読んだ後、麹カビが米を糖に、酵母が糖をアルコールに変換した日本酒を飲むのど越しや、風呂場の黒ずみ（主な原因は黒カビ）を見る視線が変わるかもしれない。

動物と菌類のどこに同じところがあるのだ？と思うかもしれない。動物の精子は、細胞の後方に1本のべん毛をもち、これを使って前に泳ぐ。菌類の中で祖先

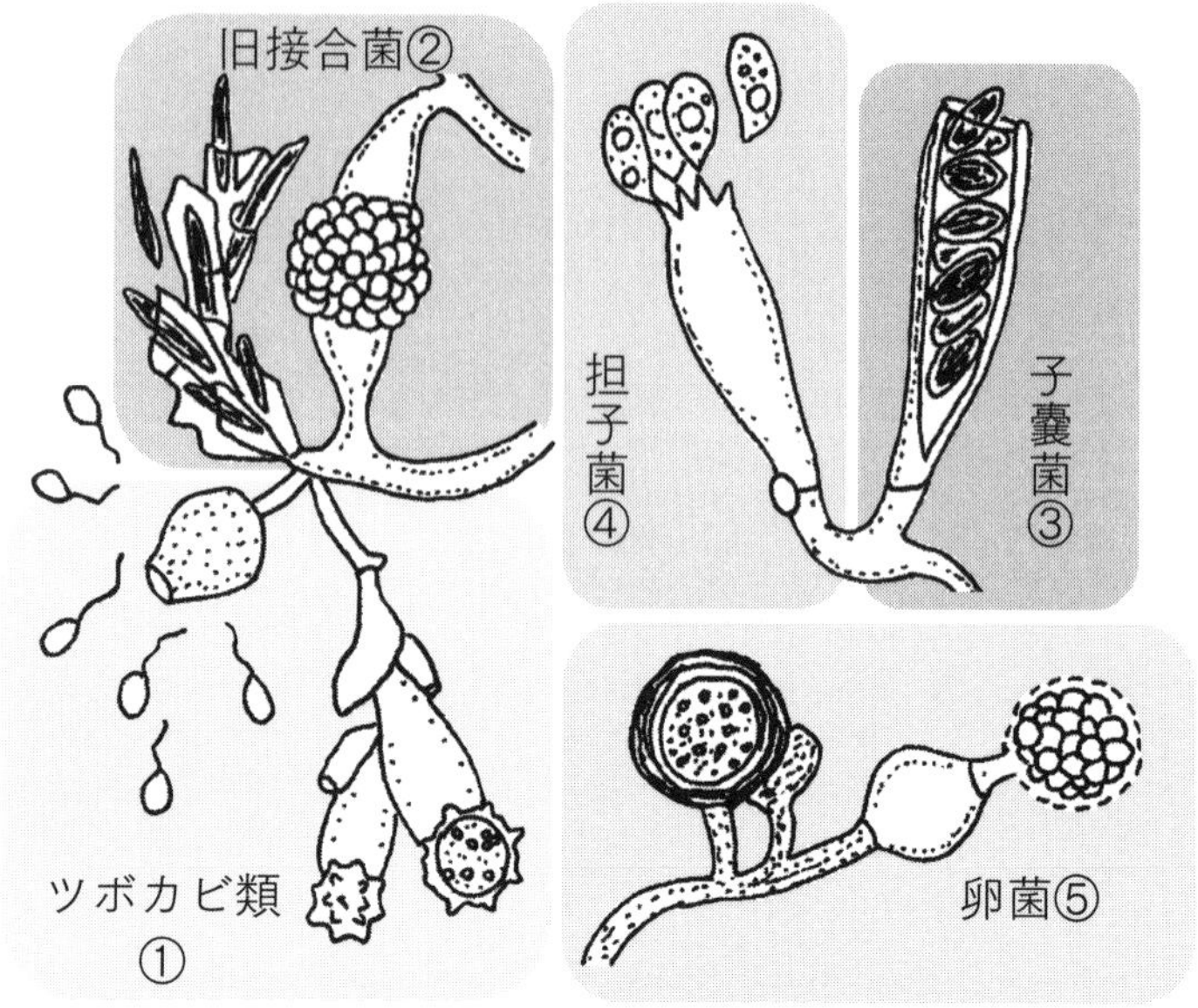

図 1-2　菌類の生殖の様子。①～④までは菌《きん》界《かい》に所属する狭い意味での菌類。⑤はストラメノパイルに属する卵《らん》菌《きん》類。キノコと言えば多くは④の担《たん》子《し》菌類に、一部が③の子《し》嚢《のう》菌類に属する。扉絵代わりの切手、左上の *Morchella* アミガサタケ属は子嚢菌類、左下 *Agaricus bisporus* マッシュルームは担子菌類だ。そうするとその胞子は違うよねぇ。

的な性質を残しているツボカビ類（図1―2の①）の遊走子《ゆうそうし》（まさに壺状の遊走子嚢《のう》からビチビチと出てきたヤツラ）も同じ泳法だ。遺伝子系統をつなぐ形態の共通性は、ほぼこの一点でスーパーグループを結成している。

菌類とは、光合成せず、外部の有機物を分解して利用する糸状または単細胞（文字通りの意味。酵母をディスってるわけではない）の形態をもった真核生物とまとめることができる。[*12] 動物と系統的に近い、狭い意味での菌類（図1―2の①〜④）以外に、形態の近い菌糸をもつ卵菌《らんきん》・ラビリンチュラ（その名は迷宮《ラビリンス》に由来）などストラメノパイル、子実体《しじつたい》を形成し、今をときめく変形菌（粘菌とも呼ばれる）などアメーボゾア、植物病原菌つながりのネコブカビ（根瘤《こぶ》であって、猫clubではない。そうならもっと人気が出ていい）などリザリアを含み、広い意味での菌類としている。カビ・酵母・キノコはすべて菌類であるが、これらのもつ形態によって分類されていない。狭義の菌類は、これまでの有性生殖[*13]の様式から4門《もん》（分類上のクラスの一つ）に分類されてきた（図1―2の①ツボカビ類、②接合菌類、③子嚢《しのう》菌類、④担子《たんし》菌類）。

これらをさくっと解説すると、ツボカビ類は、遊走子（図1―3B）の後端に1

＊12―1　杉山純多編『菌類・細菌・ウイルスの多様性と系統』（バイオディバーシティ・シリーズ4）裳華房、2005。

＊12―2　とは言え、生物の世界は例外も多い。光合成する菌類もいる。有名どころは、藻類をつかまえた地衣類《ちいるい》だ。こちらは異なる生物である、菌類と藻類の細胞同士が共生している。驚くべきは菌根を形成する旧接合菌のグロムス門のゲオシフォン（Geosiphon）だ。ドイツ・チェコにのみ知られているこのグループは、細胞内にラン藻を取り込んでおり、まさに菌類の細胞が光合成する。英語の解説は、http://www.geosiphon.de/にある（参照 2019-05-31）。

＊13　二つの細胞の接合によって、両者の遺伝子が組み換えられ、新たな遺伝子の組合せをもつ次世代の細胞が生じる仕組み。菌類ではこれ以外に一個体から単独で新たな個体（クローンと同じ）を形成する無性生殖がある。

本の鞭《むち》状のべん毛をもつ遊走子を特徴とする菌類のグループ。菌糸体は多様な形態があり、菌糸をもつものもあれば、遊走子嚢（図1－3A）のみの種も存在する。遊走子嚢はその名の通り、壺《つぼ》のような形で遊走子を収める嚢《ふくろ》だ（正確にはここで遊走子を作り、分散させる器官）。ただ、属が変わると形も変わり、壺というより筒になるものもある（図1－3D）。遊走子はあちこちに泳いで行って新たな遊走子嚢を作ると共に、他の細胞と融合（有性生殖）して胞子を形成する（図1－3E）。

ツボカビ類は、現在、遺伝子解析により厚膜胞子を形成するコウマクノウキン類と草食動物の腸内菌で嫌気環境を好むネオカリマテックスが新たな門として独立した。

接合菌は、接合胞子（図1－4A）を形成するグループだ。同種の接合菌の菌株が巡り合うと、互いに菌糸の先端が膨らみやがて双方が融合し、大型の接合胞子を形成する。これが彼らの有性生殖だ。成熟した接合胞子はやがて発芽し、柄の先端に胞子嚢を形成する（図1－4B）。ここから多数の無性胞子を分散させ、クローンが増殖する。

接合菌類は系統解析から、植物の細胞内で共生し、アーバスキュラー菌根を形

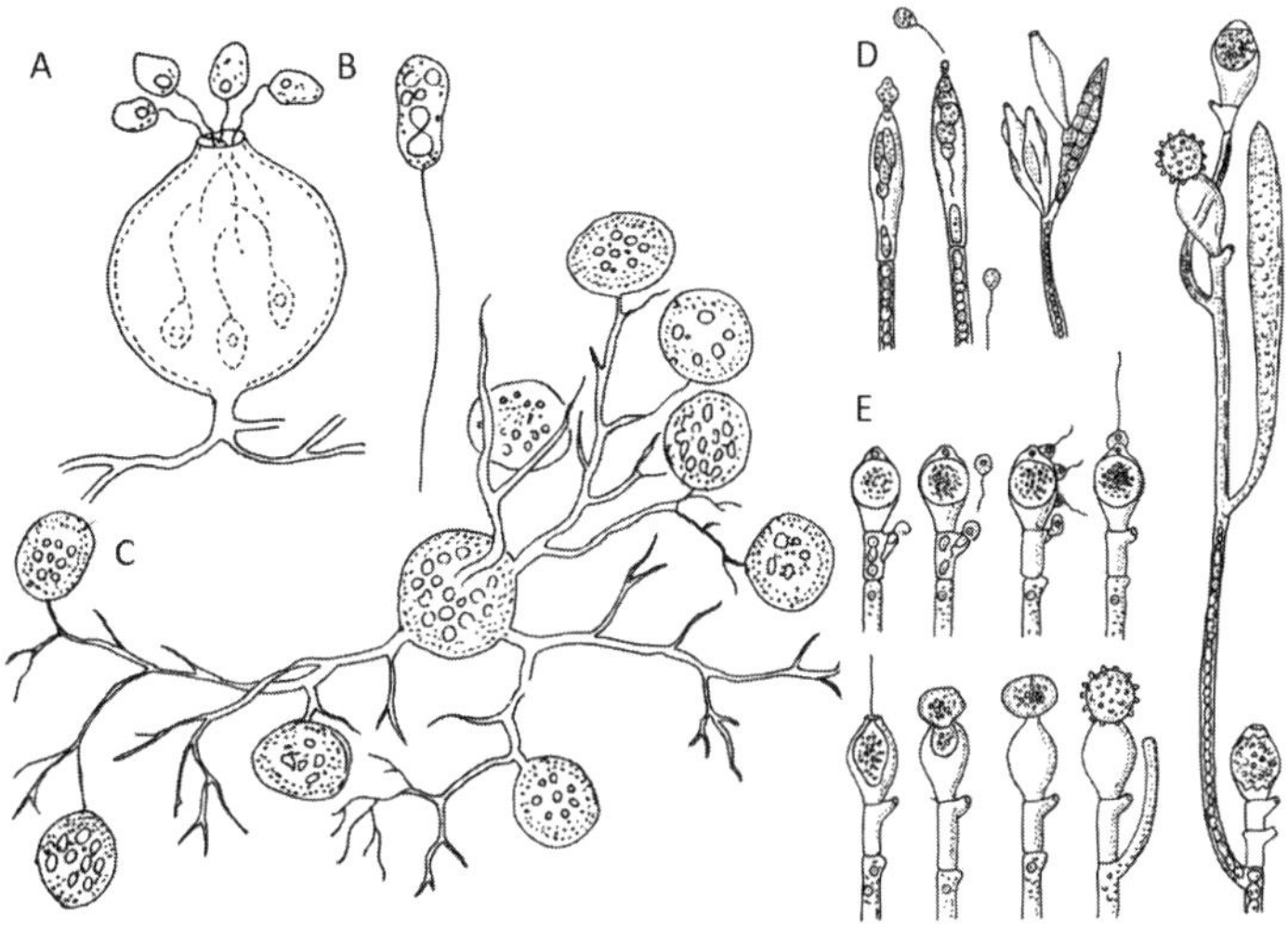

図 1-3　ツボカビ類の形態的特徴。フタナシツボカビ *Rhizophydium* 属菌の遊走子嚢（A）と遊走子（B）、*Polyphagus* 属菌の菌糸体（C）、サヤミドロモドキ *Monoblepharis* 属菌の遊走子嚢と遊走子（D）と胞子形成の様子（E）。E の字の真下から右に、やがてその下の順に胞子形成が進み、イガ栗のような胞子ができる。イラストは、Мир растений. Том - 2. Грибы. Просвещение 1991 を参考にした。

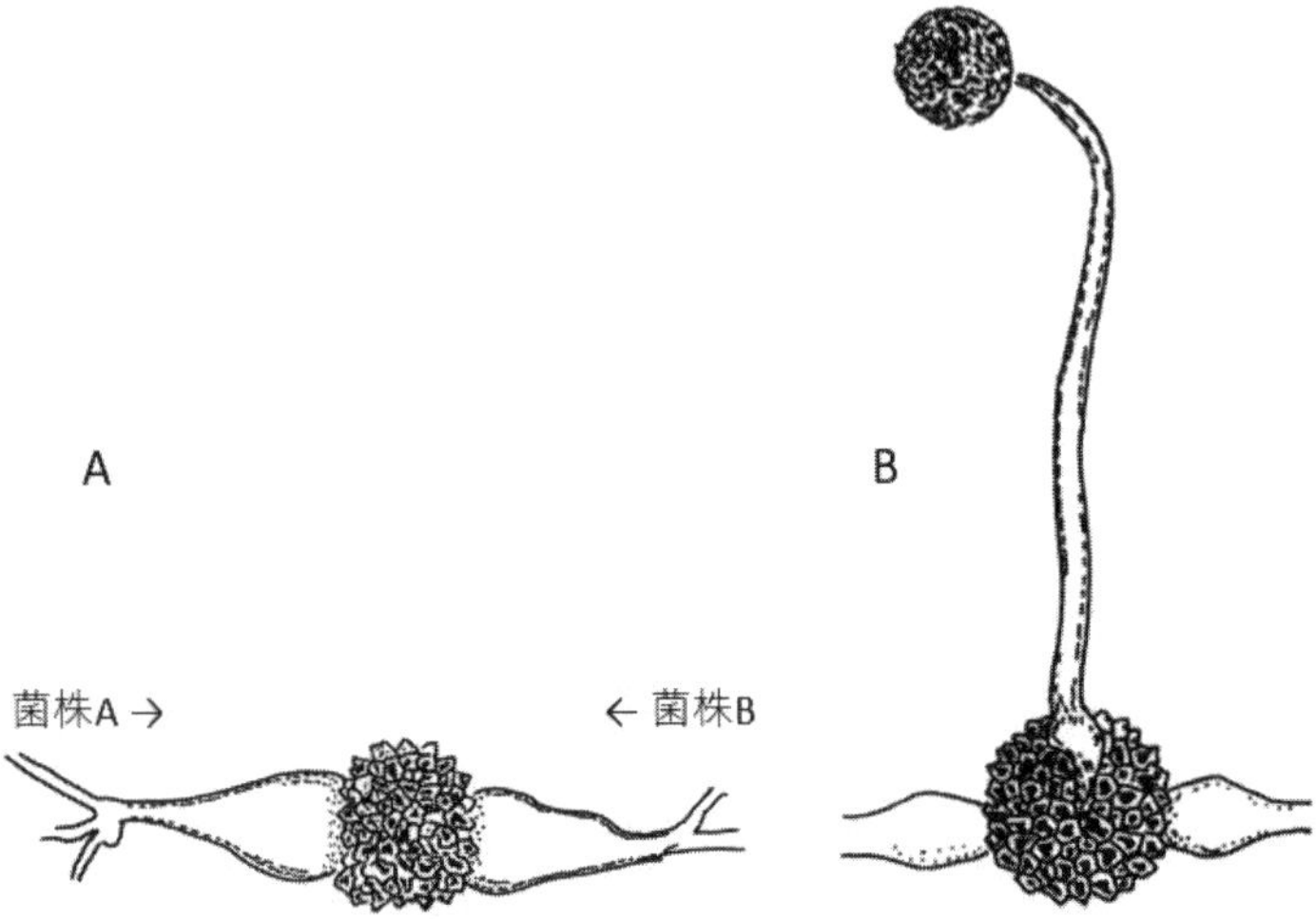

図 1-4　接合菌類の形態的特徴。ケカビ亜門クモノスカビ *Rhizopus* 属菌の接合胞子の形成（A)。真ん中にあるライチの実みたいなのが接合胞子。接合胞子は発芽し、柄の先端に胞子嚢を形成する（B)。

成するグロムス門、東南アジアを代表する発酵食品テンペ製造に用いられるクモノスカビなどを含むケカビ亜門、昆虫寄生菌が多いハエカビ亜門、アメーバや菌類寄生性をもつものや線虫などを捕食する芸達者なトリモチカビ亜門、昆虫などの腸内菌など個性的な菌が集まったキックセラ亜門に解体された。グロムス以外は、門レベルの所属も不明で「亜門」というランクに位置している。言い換えれば、このグループは、それほど多様な菌類から構成されている。

子嚢菌類は、菌類の中でもっとも種類が多い最大派閥だ（菌類全体の約8割を占めている）。日本でも最近は、食菌として認知されてきたアミガサタケのキノコ（図1―5 A左）の傘の表面を顕微鏡で見ると、なにやら胞子がさやに包まれている（図1―5 A右）。これが子嚢だ。植物の葉が白く粉を吹いたようなうどんこ病に見られる黒い粒も（図1―5 B）、葉や果実についた黒いかさぶたのような構造の中にも子嚢がある（図1―5 C）。さまざまな形態をもつ菌たちも有性生殖では同じ特徴をもっている。

菌類に興味がある方なら、日本の発酵食品の立役者である麹《こうじ》菌や、ブルーチーズのアオカビでよく見る、菌糸の先端がシャワーヘッドみたいに膨らみ丸くな

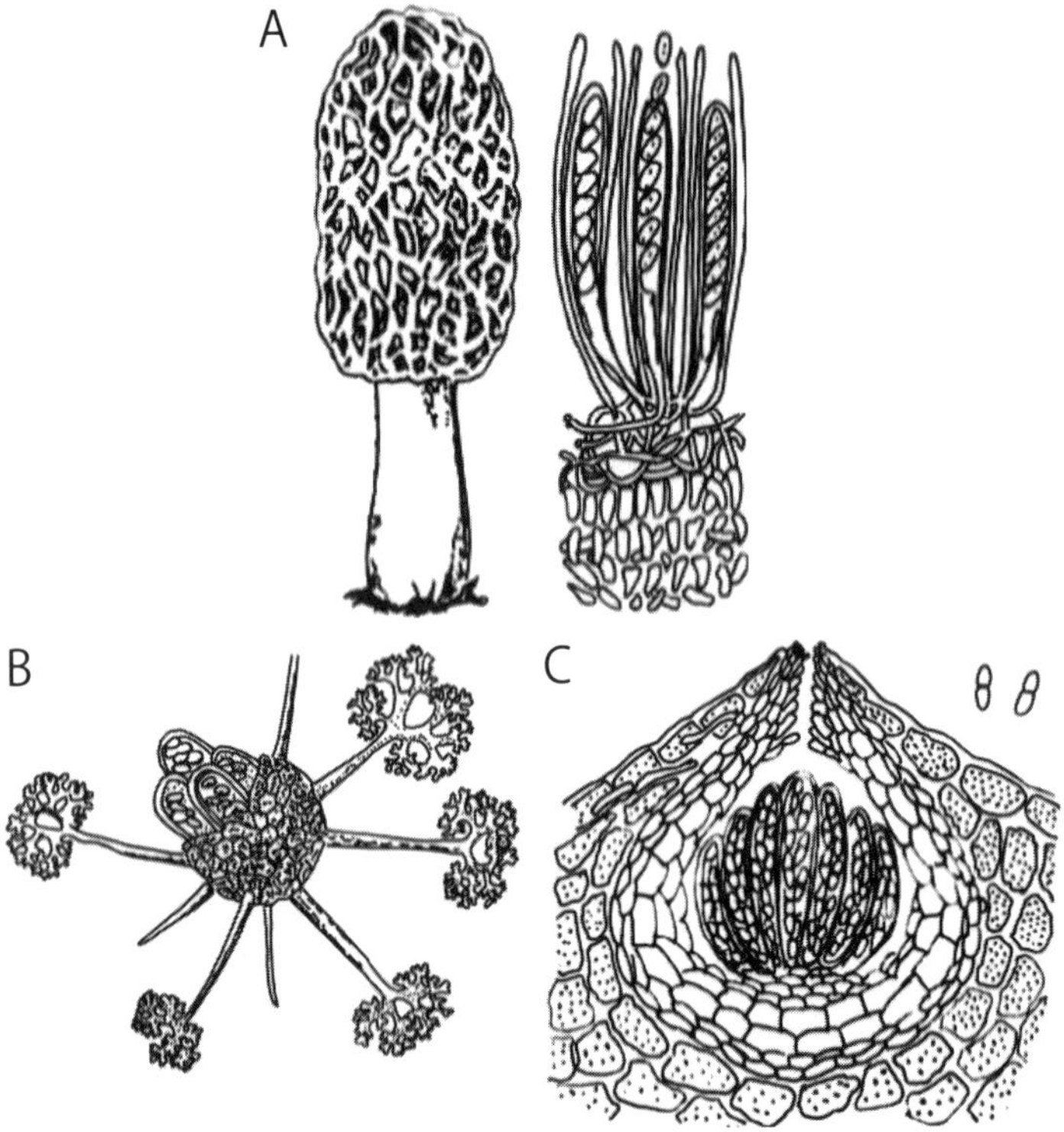

図 1-5　子嚢菌類の形態的特徴。A：アミガサタケ *Morchella* 属菌の子実体と傘表面の子嚢。B：うどんこ病菌 *Microsphaera* 属菌の閉子嚢核。中から子嚢が見える。うどんこ病菌の閉子嚢核は、白い粉を吹いた部分ではなく、秋も深まると見つかる黒い粒の部分。閉子嚢核には付属糸と呼ばれる種ごとに異なる構造をもつ。これがカッコいい。C：様々な植物に黒点を形成する *Mycosphaerella* 属菌の偽子嚢核および子嚢。

り、その先に胞子が連なっているのをイメージするかもしれない。あの胞子は分生子と呼ばれ、接合菌類で説明した無性胞子と同じ親株のクローンだ。有性生殖が確認できるならば、次世代を形成する子嚢胞子形成に関わる器官の特徴がより重要になる。

いわゆる〝キノコ〟のイメージが強い担子菌類は、子嚢菌類についで種類が多く全体の約2割を占める。つまり、菌類と言えば子嚢菌類・担子菌類で数的には、ほぼすべてと言っていい。しかし、極めて少数派のツボカビ類や接合菌類に、動物と別れた菌類の秘密が隠されているはずだ。

担子菌類は有性生殖の際、担子器と呼ばれる胞子形成専用の器官をもつことを特徴とするグループだ（図1-6）。キノコと言えば、柄と傘からなる構造を想像するが（このタイプは、大体はハラタケ目が多い：図1-6A）、柄も傘もないキクラゲ（図1-6C～E）や、肉眼では見過ごしてしまうような植物の銹《さび》病や黒穂病の胞子や酵母状の細胞から担子器を直接形成するものを含む（図1-6F、G）。子嚢菌類同様、担子菌類も多様な形態が存在する（だからキノコ＝担子菌類ではない）が有性生殖は共通していることがわかる。

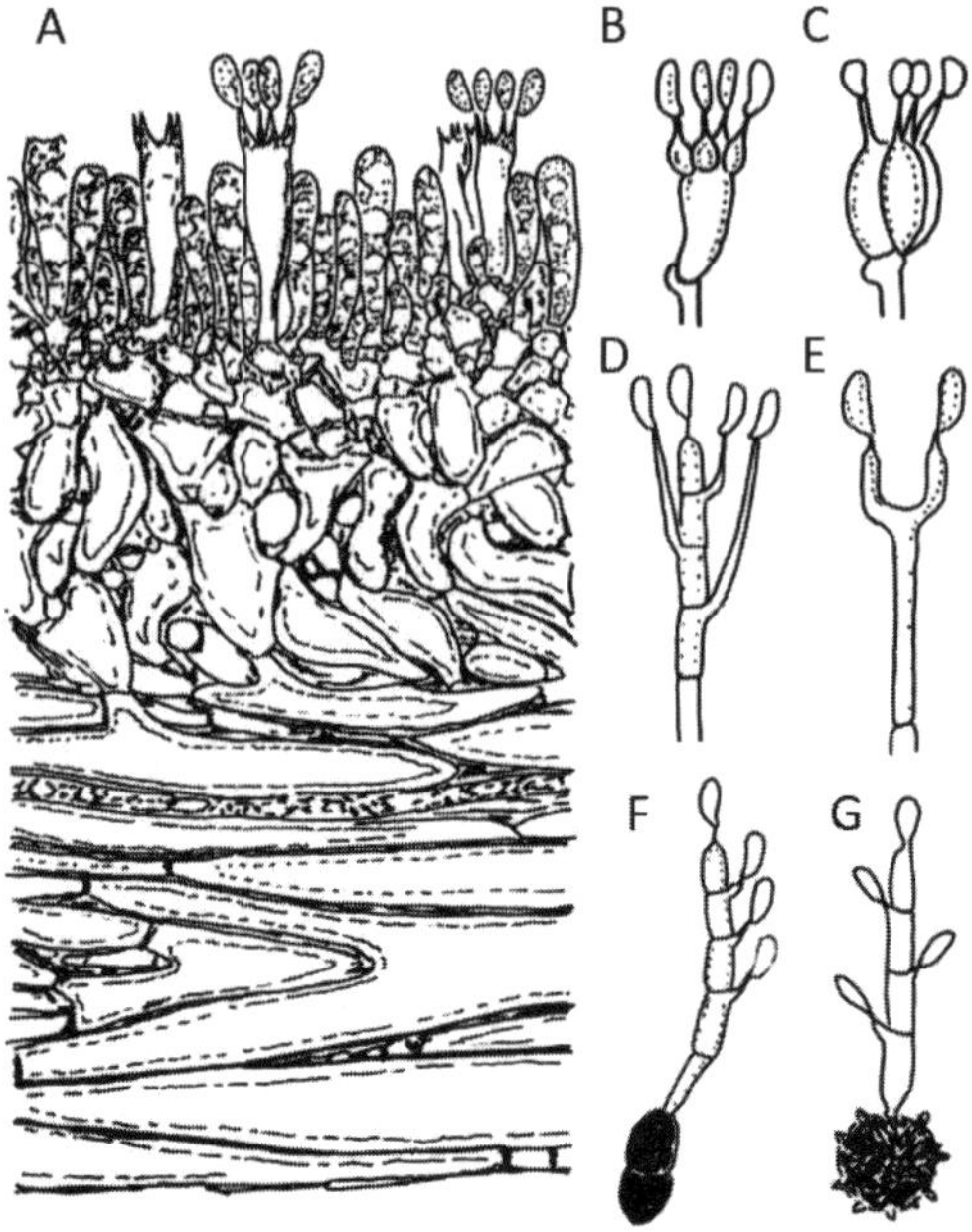

図 1-6　担子菌類のもつ担子器の特徴。A：シイタケなど多くの食用キノコやガマノホタケもが含まれるハラタケ目の子実体の表面の構造。成熟したシイタケのひだを薄く切り、顕微鏡で観察するとひだの表面（図中では上側）に楕円形の４個の胞子がみえる。この担子胞子は、４個の突起（小柄）をもつ担子器につながっている。B：食べ過ぎ注意のアンズタケなどがもつツラスネラ型担子器。小柄が別の細胞に分化している。C：シロキクラゲ型担子器。担子器が胞子に合わせて縦に４分割されている。D：キクラゲ型の担子器。担子器が伸びて横に４分割され、それぞれに伸びた小柄をもつ。E：アカキクラゲなどの担子器。担子器は長く伸びて、二又になる。F：植物病原菌であるサビキンの冬胞子から発芽・形成した担子器。G：植物病原菌であるクロボキンの冬胞子・黒穂胞子から発芽・形成した担子器。

今は狭い意味では菌類ではない卵菌類は、少し前までツボカビ類や変形菌類などと共に、今はなきべん毛菌類というグループに属していた。たしかに金魚などに悪さをするミズカビの遊走子嚢（図1－7A）は、ツボカビ類のサヤミドロモドキの遊走子嚢（図1－3D）に似ているし、卵胞子（図1－7B、D）もツボカビ類の胞子や接合菌類の接合胞子に似てなくもない。ただし、卵菌類の遊走子は、べん毛を2本もつ。ツボカビ類は1本だ。泳法も異なる。卵菌は遊走子の前方あるいは側面にある2本のべん毛を利用して前に進む。案の定、遺伝子解析によってべん毛菌類は解体され、ツボカビ類は菌類に残り、卵菌類や変形菌類はそれぞれに別のグループを形成している。

ツボカビ類や接合菌類は、遺伝子解析によって新門の提唱や統廃合が著しい。一方、子嚢菌類・担子菌類はかなりまとまっていて、脱退者がいない。遺伝子解析により菌類は、7門以上と所属不明の4グループに変更された。ここでは原生動物だった微胞子虫《びほうしちゅう》が菌類に移籍したり（弱小プロレスの団体が、相撲協会に移籍し、一門を形成するくらいの驚きをもって迎えられている）、接合菌が解散し、所属不明グ

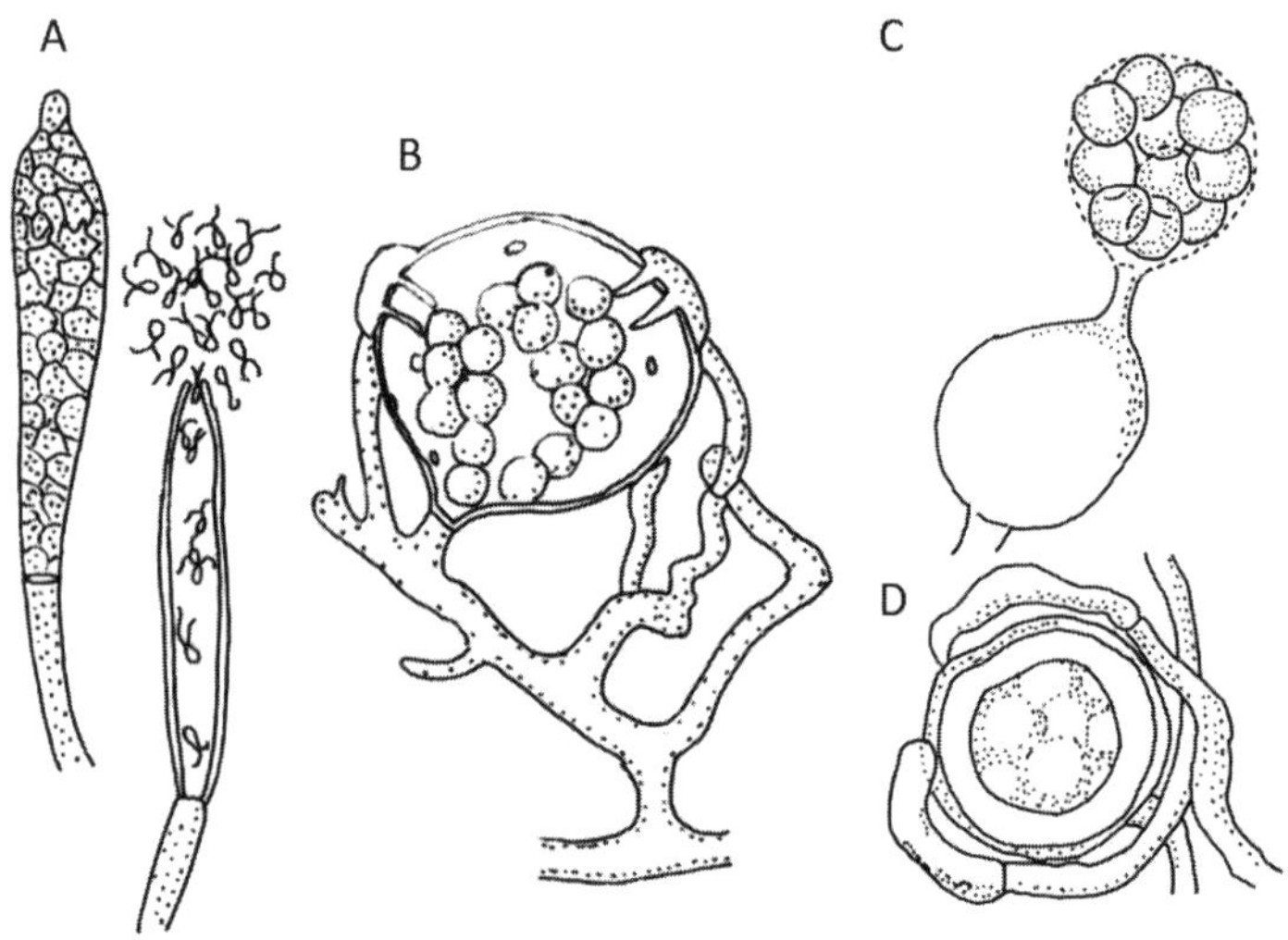

図 1-7　卵菌類の形態的特徴。ミズカビ *Saprolegnia* 属菌の遊走子嚢（A）と未成熟な卵胞子（造卵器と造精器：B)。フハイカビ *Pythium* 属菌の遊走子嚢（C）と卵胞子（D)。

＊14-1　国立科学博物館編、細矢剛（責任編集）『菌類のふしぎ——形とはたらきの驚異の多様性 第2版』東海大学出版部、2014。菌類の系統解析は、現在は存在しない絶滅種・絶滅系統を想定する必要があるかもしれないが、化石の残ることの少ない菌類ではかなり難しい課題だと考える。

＊14-2　遺伝子解析は、マイナーな生物の機能に光を当てる側面もある。大型草食動物の腸内の嫌気性！菌類、ネオカリマテックスは、腸内細菌がもつ植物細胞壁分解酵素の遺伝子を取り込み、真核生物用に改変している。近年、このネオカリマテックスの酵素は、さらに改変されてバイオエタノー

ループすべてが旧接合菌に由来しているといった大混乱状態にある。*14

しばれていてもカビるのか

私は北海道・東北などの寒冷地から両極で活動する菌類を研究している。北海道やシベリアはまだわかるが、極地にカビやキノコがいるの?と思っている人も、知らず知らずに低温で働く菌類の力を目にしている。家にある極地、冷蔵庫の奥から時折発掘される得体の知れない〝元〟食品の変わり果てた姿を見たことがあるだろう。

表1-1に代表的な低温環境である極地と高山から記録のある菌類の種類とその数を示した。*15 亜熱帯から亜寒帯の日本や寒帯のノルウェーに比較して、極地や高山では記録される種の総数は減る。しかし、すべての分類群が数を減らしながらも存在している。このことはさまざまな菌類が低温環境で活動可能なことを示唆している。

ル生産用に開発された酵母に組み込まれている。また、菌類ではないがアフリカの風土病であるいわゆる眠り病の原因のべん毛虫 *Trypanosoma brucei* の代謝酵素は、必要とする補酵素が酵母とは異なり、よりバイオエタノール生産に向いている(米国カーギル社傘下のベンチャー企業の特許)。工業のすぐ優れた点は、目的に合った反応ならば、来歴の微生物がなんであれ、リスクがなければ使用する。キモイとか言わない。

*15 日本分類学会連合種数算定委員会 2013; Aarnæs 2002; Karatygin *et al.* 1999; Elvebakk & Prestrud 1996; Knudsen 2006; Bridge 2010; Onofri *et al.* 2007; Paul & Sharma 2003 をまとめたもの。この中で特筆すべきものは、最後に挙げたヒマラヤの菌類相の本だ。私が知る中で高山にすむ菌類の全分類群を可能な限りで網羅しようとする試みはこれしかない(キノコだけなら山ほどある)。チェックリストは作成が大変なわりに、業績として高く評価されないきらいがある。でも便利なんだよなぁ。付き合うといろいろ面倒なインドの研究者もいるが、やるときはやるという心意気を感じる。

寒さと生きる菌類の歴史

寒いところに棲む菌類を研究するなんて物好き、そんなにはいないと思うかもしれない。しかし、世界は広く、その歴史は意外に古い。1887年に氷点下でカビの成長が報告され、[*16] 1902年に0℃で生育可能な微生物を好冷《こうれい》菌（psychrophile）とグループ分けしている。[*17]

オレゴン州立大学の海洋微生物学者であるリチャード・ヨシオ・モリタ先生は、1975年に低温で増殖する細菌に関するさまざまな呼称と、その概念をまとめて、20℃以上で成長できない細菌を好冷菌と再定義した。[*18] また、20℃以上でも増殖できて、低温（4℃以下）でも増殖する微生物を耐冷《たいれい》菌（psychrotolerant）と呼ぶ。

モリタ先生は慎重な方なのだろう、この総説では菌類である酵母に関して、好冷菌の概念を適用可能であるが、ここでは議論しないと記

表 1-1　低温環境から見つかった菌類の種類とその数

地　域	狭義の菌類の種数					広義の菌類の種数		合計
	ツボカビ	接合菌	子嚢菌	担子菌	不完全菌*	卵　菌	変形菌	
世　界	約 900	約 1,000	約 33,000	約 30,000	約 14,000	約 800	約 900	約 80,600
日　本	140	264	7,419	4,160	941	361	454	13,739
ノルウェー	—	68	2,318	4,046	1,270	211	286	8,199
ロシア北極圏	15	—**	733	633	289	26	8	1,792
スバルバール	3	28	867	200	112	2	3	1,217
グリーンランド	15	3	1,534	837	200	—	—	約 2,600
南極域	24	63	588	181	—	7	14	877
南極大陸	9	22	64	48	185	3	—	331
ヒマラヤ北西部	3	17	321	611	745	63	92	1,852

*無性世代のみ知られている子嚢菌および担子菌に対して設けられた分類群。ちなみに中国語では半知菌と呼ぶ。この呼び名の方がより正確で、菌に対する敬意も感じる。
**種数の記載がない。

している。おそらくは後で説明する細菌と菌類の生活史の差異を考慮されていたのではないかと、私は想像している。とは言うものの、この好冷菌・耐冷菌という概念は、細菌だけでなく、さまざまな微生物に広く受け入れられていった。

でもここで気になるのは、微生物が成長する際の上限温度20℃はどう決めたのだろうかということだ。水は0℃で凍り、4℃で密度が最大になる。だから冬、湖面が凍っても氷は浮き、湖水はすべて凍らず、水中で暮らす生き物たちが生きていける。これは、いずれも水の物性に基づいている。論文を調べてみると、あの20℃は、どうも「室温」を示しているらしい（決定的な記述を見つけられないが、かなり自信はある）。つまり人の都合だ！　私はてっきり、ベルリンとかウィーン（だって初期の論文、大方ドイツ語ですから）の冬を除いた平均気温だと思っていた。科学＝サイエンスは、再現性がある現象の合理的な理解を目指すものだ。しかし、じっくり検討すると、その中身に観測者の都合があるから厄介だ。案の定、極地から集めた酵母を培養してみると、22℃あるいは24℃が上限温度となる種が多く、ほぼ好冷菌のカテゴリーに入らない例もある。*19

＊16　Forster 1887. どんなカビだったのか、残念ながら不明である。

＊17　Schmidt-Nielsen 1902.

＊18　Morita 1975. また、菌類に関する経緯をHoshino & Matsumoto 2012にまとめてある。

＊19　Vidal-Leiria *et al.* 1979.

寒さと生きる菌類

イシカリガマノホタケ（*Typhula ishikariensis*）という担子菌がいる（詳細は次章参照）。栄養素を溶かして固めた寒天培地の上で培養すると、この菌の菌糸体の最適成長温度は10℃だ（図1－8）。しかし、畑の土を寒天培地の上に重ねて培養すると、0℃なら寒天培地と変わらないが、10℃ではほとんど成長できない。

この理由は、畑の土にある。畑の土には大量の細菌類や他の菌類が存在している（だから外から帰ったら、うがい・手洗いせよと、お母さんがうるさいのだ）。培養温度が10℃のとき、この細菌たちがまだ活動して寒天培地の餌を食べまくるため、おっとりしたイシカリガマノホタケの出番がない。だからほとんど成長できない。一方、培養温度が0℃となると、さすがの細菌たちも寒さで動けなくなる（死ぬわけではない）。そこでわれらがヒロイン（学名が女性形だから）イシカリガマノホタケがゆうゆうと成長するわけである。

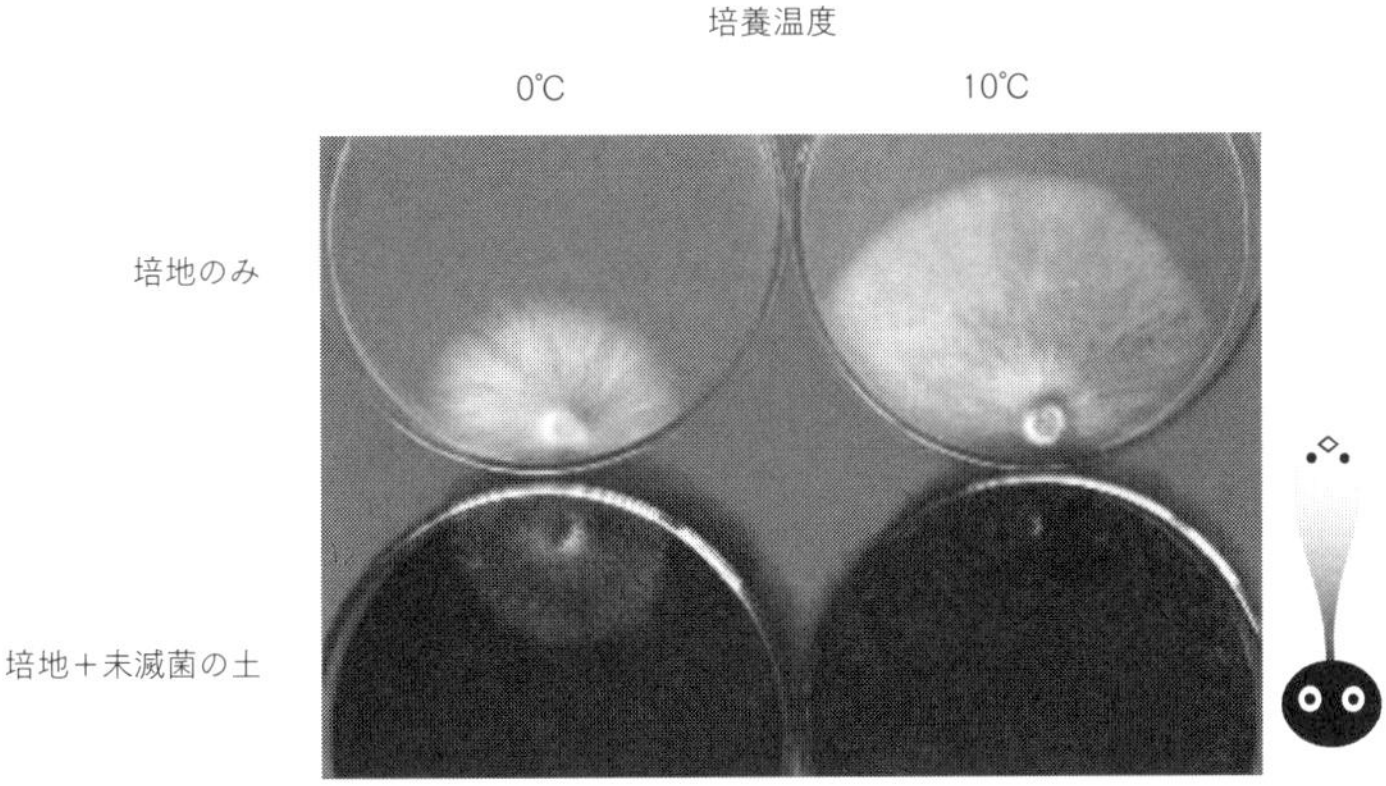

図 1-8　イシカリガマノホタケ菌糸の成長温度は培養条件によって異なる。写真右に佇《たたず》んでいるのは、模式化したイシカリガマノホタケ。以降、本種あるいは他の担子菌の説明の際に積極的に登場予定。
写真提供：松本直幸師匠。N. Matsumoto & A. Tajimi (1988) Life-history strategy in *Typhula incarnata* and *T. ishikariensis* biotype A, B and C as determined by sclerotium production. *Canadian Journal of Botany* 66 (12): 2485-2460 を基に作成。

自然環境の中で他者と関わらず、活動する生物はほとんどいない（人だって無菌じゃない）。微生物を単独で、適切な条件の下に培養することで、その種がもつ可能性がわかる。しかし、その微生物が本来棲んでいる環境でどう生きているかがわかるわけではない。菌類を培養することは、彼らにインタビューすることだ。培養条件次第で得られる結果は変わるものだ。

温帯から寒帯で寒さを好む菌がいる場所は、やはり積雪と関連した場所だろう（図1-9）。有機物あるところ、菌類がいる。厳冬を過ぎると積雪が赤や緑・橙に色づくことがあり、これを赤雪《あかゆき》・彩雪《さいせつ》と呼ぶ。これは雪上での藻類の増殖による着色だ。この氷雪藻はべん毛をもち、地表から雪解け水を伝って雪上に移動する。[*20] この氷雪藻の第一人者、ハンガリーのエリザベート・コル博士などの研究[*21]により、彩雪中に82種の菌類が報告されている。このうち5種のツボカビ（*Chytridium chlamydococci*, *C. chlamydococci* f. *cryohila* Nom. Inval.,[*22] *C. neochlamydococci*, *Rhizophydium sphaerocarpum* subsp. *cryophilum*, *Rhizophydium* sp.）と1種の謎の子嚢菌（*Oospora nivalis*）[*23]は、氷雪藻に寄生する。ツボカビもまた、地表から氷雪藻を追って、べん毛を大回転させて泳ぐのだろう。そして融雪と共にシストと呼ばれる耐久細胞を形成し、地表に戻る

＊20　Jones *eds.* 2001.

＊21　Kol 1939; 1942; 1974; Kobayashi & Ôkubo 1954; Stein & Amundsen 1967.

＊22　Nom. Inval. は、nomen invalium の略称。新種記載に際して規定に従っていないため無効であると判断されたもの。この場合は、当時必要だったラテン語の記載文がないことが原因。

＊23-1　この種の記載（Kol 1939）は、有効だと思う。しかし、菌類の代表的なデータベース（Mycobank や Index Fungorum）に収録されていない。英語で書かれていない論文で、菌類の一般的な雑誌に掲載されなかったため、忘れ去られていたのだと思う。著者も藻類学者なので、気にしなかったのかもしれない。でも私は気になる。雪上で藻類に寄生する子嚢菌なんているんだろうか？ゴミバケツの蓋ほどのでかいチャワンタケ（*Geopyxis cacabus*）のように再発見されたら、大騒ぎになるとは思わないが、やはり菌類はわからないことが多い。

＊23-2　*G. cacabus* は、高さ1メートルで、傘の直径が50センチ

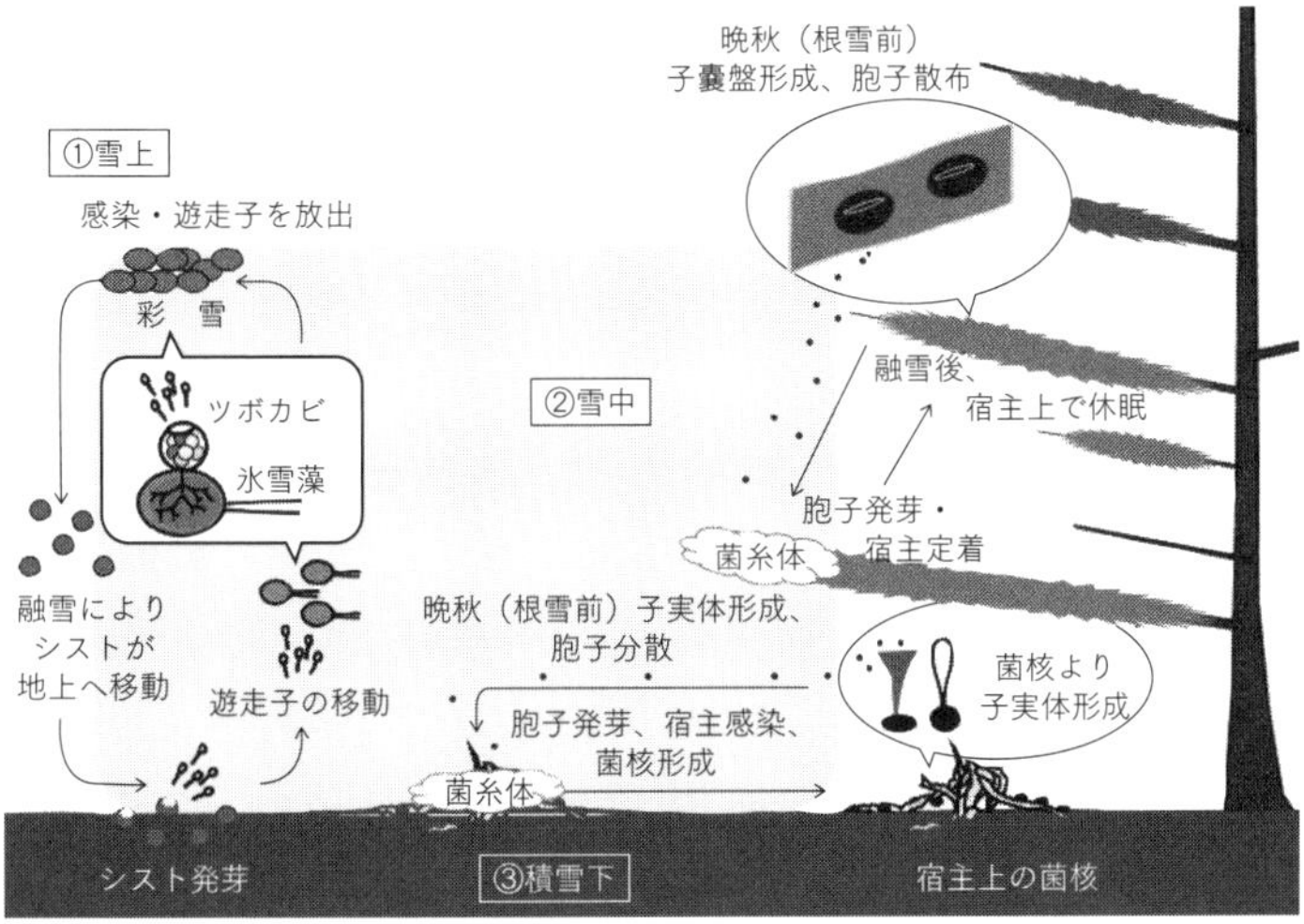

図 1-9　積雪と菌類の関係図

もある。南米のどこで採集されたかもわからない（Burnett 1950）。

（図1‐9①）。

また、日本を代表する菌学者の一人、椿啓介先生は、残雪上で見られる菌類には、水生不完全菌の胞子が多く見られ、これらは周囲に存在する、冬場でも凍結しない滝からの上昇気流によって移動していると推察している。*24 本当に菌類なのかさえ疑問視されている所属不明の *Chionaster nivalis* は、形態的には水中で生活する菌類の胞子に似ている。

雪の中や雪の下で繁殖する菌類も知られている。常温性の子嚢菌、*Gremmeniella abietina* var. *abietina* や *G. abietina* var. *balsamea* らトドマツ枝枯《えだがれ》病菌は、根雪前に胞子を散布し、積雪下で感染するが、雪解け後も感染が進行する（図1‐9②）。他の微生物がトドマツの枝に取りついても活動できない雪中で、まずは場所取りし、その後じっくり活動するタイプだ。*25 好冷性の雪腐病菌*26であるイシカリガマノホタケや雪腐大粒菌核病菌（*Sclerotinia borealis*）も根雪前に、菌核からキノコを出し、胞子を散布する。胞子は風で分散するので、効率を考えると、キノコは根雪前、少し暖かくても出したほうがよい。一方、卵菌である褐色雪腐病菌（*Pythium iwayamai*）の菌糸体は、室内（20℃）でも成長するが、卵胞子《らんほうし》の発芽は低温でない

＊24−1　椿啓介『カビの不思議』筑摩書房、1995など。この書籍はすでに絶版だが、菌類全般をわかりやすく解説されている。是非読んでいただきたい。

＊24−2　椿先生は、長尾研究所が発行していた雑誌Nagaoaの英語論文（1960）の和文題名を「日本産水生不完全菌類の研究 水泡生群及び雪表群‐予‐」として、残雪上の菌類を「雪表群」と記述している。これは雪氷《せっぴょう》をもじってつけられたのだろうか？ 椿先生を知る方々に折あるごとに聞いているのだが、謎のままだ。

＊25　Yokota *et al*. 1974; Petäistö & Laine 1999; Lijia *et al*. 2010.

＊26　松本直幸（師匠）『雪腐病』北海道大学出版会、2013。絶賛発売中！など。

と だめだ。いずれの菌も菌核や卵胞子のような耐久器官を形成し、春から秋の期間を越夏している。菌核や卵胞子の発芽からそれぞれの菌の活動が始まり、発芽温度はそれぞれの菌の生活様式と密接に関連している。菌糸体の成長温度がその種が生きていく温度帯のすべてではない。

細菌類は、いくつかのグループで耐久器官である胞子を形成するが、栄養細胞の分裂により増殖を繰り返す単純な生活史が基本だ。このため、培養温度ごとの細胞増殖速度を測定すれば、その種の生育可能な温度範囲を知ることができる。

一方、菌類の生活史はより複雑である。生活史に合わせ、細胞は多様な器官に分化し、細胞の形自体が変わり、その活動温度域も異なる。このため菌類は菌糸体の成長温度によるこれまでの好冷・耐冷菌の定義に合わない。そこで新たな用語が必要と考えた。

地球上の低温環境は、大気圏、雪氷圏《せっぴょうけん》、深海に分けられる。私の研究対象である図1－9のような菌類は、皆雪氷圏で活動している。雪氷圏は、地球上で雪や氷が存在する地域であり、深海は圧力により水が凍らないため、その環境は大きく異なる。そこで雪氷圏にて生活環のすべてあるいは一部を有する菌類を「氷《ひょう》雪《せっ》菌類」と呼ぶことを提案した。*27

なんで「雪氷」圏の菌類なのに、逆の「氷雪」なのかと言うと、それが日本の生物学用語だからだ。英語の snow algae は、生物分野で氷雪藻類、雪氷学分野で雪氷藻類の双方が使用されている。語源を遡ると菌学者の小林義男先生と藻類学者の福島博先生が1952年、植物学雑誌に発表した論文中に「一般に藻類、菌類、或いは細菌類のうちで、少なくともその生活史の或期間を氷や雪の中で過ごして居るものを氷雪植物（Cryophyte）或は氷雪プランクトン（Cryoplankton）と云う」が初出である。

さらにこの氷雪植物の訳語は、三好学先生が『植物学講義』（冨山房、1899）でE. Warming 氏の『*Plantesamfund*』（1895）のドイツ語訳（1896）中の Die glaciale Vegetation（des Eises und des Schnees）より翻出したものである。*Plantesamfund* の該当箇所は英訳版（1909）で Cryoplankton. Vegetation on Ice and Snow と翻訳されており、少なくとも生物分野では、伝統的に氷雪を使用している。このため採用した。

なんだか前例重視でやだなと思うかもしれないが、自分の見出したことは、完全に私一人の力ではなく、過去の取り組みや考えとつながっている。このつなが

＊27 Hoshino & Matsumoto 2012. 氷雪菌類の定義は、かなりざっくりしているが、私の師匠である松本直幸博士とかなり議論した結果だ。氷雪藻類を研究した福島博先生は、これまでの研究から「氷雪生物の中には固有の氷雪性のもの即《すなわ》ち真氷雪性（cryobiontic）のもの、他の環境にも生育するが特に氷雪を好む好氷雪性（cryophylous）のものや偶然氷雪上にもたらされてかろうじて生命を保っている（勿論《もちろん》繁殖能力をもたない）外来氷雪性（cryoxenous）」と分類している（福島 1954）。細かく基準を設けて、これを氷雪菌類に当てはめてもよいのだが、そうすると中間的な性質やここから外れるもの、そもそも培養できる菌類か、野外で容易に観察できる菌しか対象とできない。

りを残す形にしたいと、私は考えている。

第　2　章
雪腐病菌 Who are you ?

【切手紹介】 当初、中東のレバノン（**左**：1966 年）のような、知られざる積雪地（スキーができるレベルの地中海のキプロスとかアフリカ南部のレソトとか）をドドーンと紹介すべく準備していたが、何気なく探したらあったんです。ミステリーサークル（**中央**：モルジブ、1992 年）。パッと見、これから解説する雪腐病の病徴（菌類によって草が枯れるさま）に似てなくもない。気になる円と円をつなぐ直線は、積雪下で野ネズミが移動した跡だと思い込めなくもない。速攻で購入したが、個人的には世界的な観光地が何やってんだと思う。

本物の雪腐病は、こんな感じだと思う（**右**：米国、1984 年）。遠目にこんな景色を見つけたら、手前のトナカイを刺激しないように注意しながら、角の奥にある枯れた茂みに屈みこみたい。

雪の下の小さな魔物

人は雪景色を眺めては、視野の範囲にいる生き物たちの大半は春を待ち、雪をふとんに眠っていると想像するだろう。だが皆が寝静まった雪の下で暗躍する生き物がいる。雪腐病菌《ゆきぐされびょうきん》もその一つだ。

変な名前と思ったあなた。勘が鋭いかも。この言葉、辞書を引いても載ってない（あれば是非ご一報を！　もれなく著者直筆サイン入りの熱烈問合せ状を差し上げます）。じゃあナウい（廃語指定済み）単語なの？と言うとそうじゃない。少なくとも300年前から、日本各地の農業関係者が使用していた。けれどこれは別の物語、いつかまた別のときに話すことにしよう（とか言っちゃって。これは第5章で！）。

雪腐病は、台北の人気かき氷屋（Mr.雪腐《しぇふ》）のファンのことではなく、カビやキノコが積雪下で活動し、越冬する植物を枯らす病気の総称だ（写真2-1）。

写真 2-1　融雪直後、芝生に生じた雪腐病。**左**の写真の犯人はそう、ガマノホタケたちだ！　**右**の写真のように菌糸が円形に成長し、ミステリーサークルのように見えなくもない。しかし、雪腐病の専門家を自称する私に一向に連絡はなく、仕方がないので本書の執筆に打って出ることにした。左側写真提供：松本直幸師匠。出典：「雪腐小粒菌核病菌の種生態学的研究」『北海道農業試験場報告』152: 91-162 1982 を基に作成。

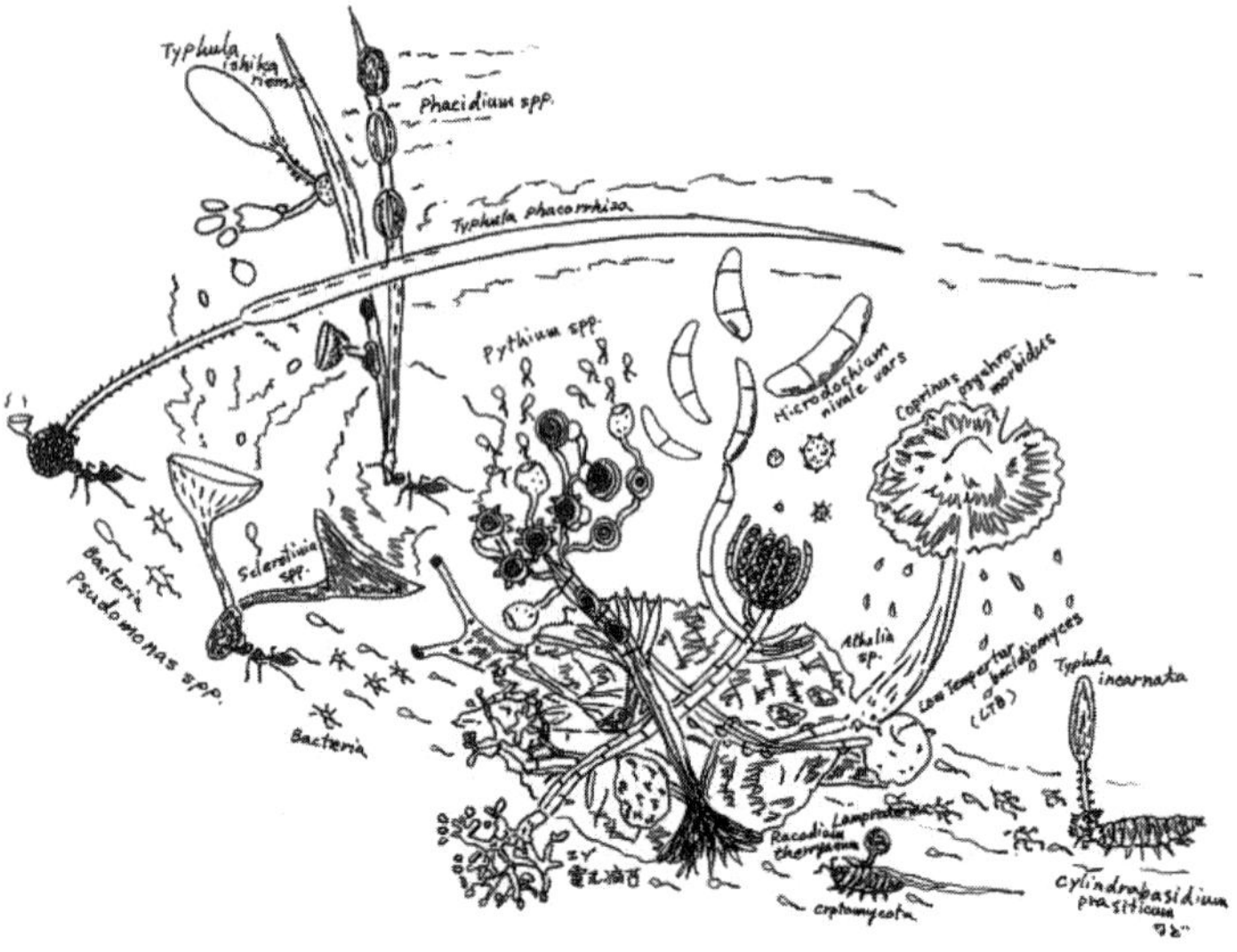

図 2-1　雪腐系百菌夜行図[*1]。あくまでも作者の妄想なので、菌それぞれの縮尺は同じではない。

＊1-1　イメージは、「んふんふ」言うなめこじゃなくて、岩里藁人氏によるきのこ妖怪の森の百菌夜行（http://blog.livedoor.jp/warajin2009/　参照 2019-05-31）をイメージしているのだが……画力がなくて、残念な絵になってしまった。こんなことなら表題も「ざんねんな雪腐病菌」とかにして、勝手に読者に誤解してもらうようにしてもよかったかもしれない。

＊1-2　ロシアのイシカリガマノホタケは、なぜかチューリップの球根やホップ根茎などに感染し、まさに地下活動する。Kuznetzova 1953 の論文にある図（図2-2）をじっくり見ると、菌核から出た子実体と担子器がほぼ同寸で描かれている！　これを最初見た感想は、「チーガーウーダーロー!」だったが、じっくり眺めているうちに、脳内の別のシナプスが連絡して、雪腐系百菌夜行図のような妄想が生まれた。

昔から草などは、寒さで枯れると思われてきた。しかし、根雪前に芝生《しばふ》に農薬を撒くと、雪解け後も芝生は緑を保っている。つまり芝生は寒さで枯れるのではなく、農薬によって活動を抑制される微生物によって枯らされているのだ。氷攻撃がくさ《草》タイプに効きやすいのは、一般的に植物は低温環境に適応できないからという設定が、現実世界でも起こると信じてはいけない。

雪解け後、植物がくたっと・しなっと↘していれば、雪腐と一括りにしていたが、実際は原因には多種類の菌類が関わっている（図2-1）。これからそれぞれの菌類の魅力を、思いつくまま、気の向くままに百物語よろしく紡《つむ》いでいこう。

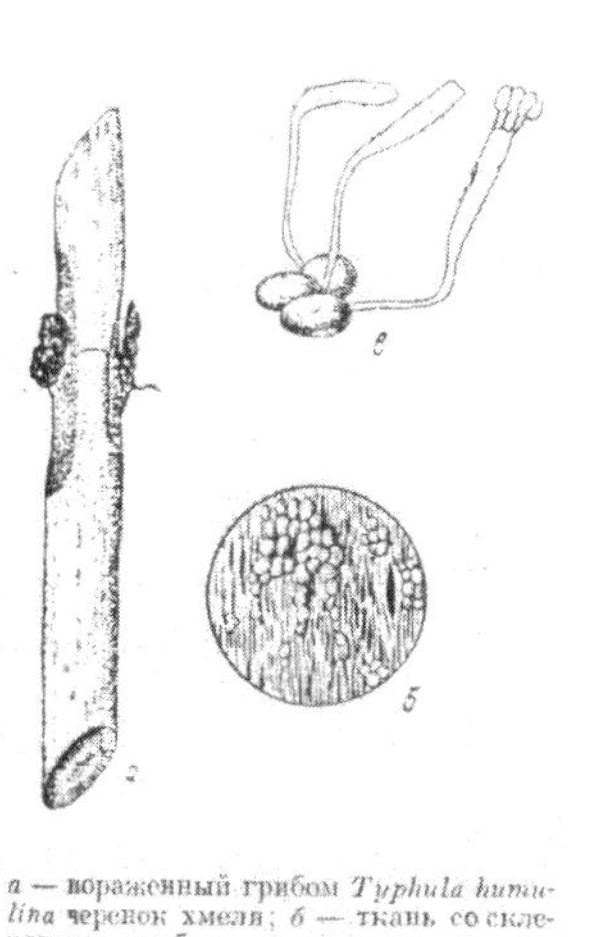

а — пораженный грибом *Typhula humulina* черенок хмеля; б — ткань со склероциями гриба; в — прорастание склероциев, схематизировано.

図2-2 *Typhula humulina* として記載されたホップに対する雪腐病菌。本菌は、ロシアの共同研究者、Oleg B. Tkacheno 博士（以降、登場時はオレグと略称）との調査によってイシカリガマノホタケであることが明らかとなった (Hoshino *et al.* 2004)。

ガマノホタケの仲間とこれに関わる微生物

イシカリガマノホタケ　*Typhula ishikariensis*　雪腐黒色小粒菌核病菌《こくしょくしょうりゅうきんかく》
フユガレガマノホタケ　*Typhula incarnata*　雪腐褐色小粒菌核病菌
アカエガマノホタケ　*Typhula phacorrhiza*　病原菌名なし
和名なし　*Typhula variabilis*　雪腐厚膜《こうまく》小粒菌核病菌
シロガマノホタケ　*Typhula japonica*　雪腐二胞子小粒菌核病菌
和名なし　*Typhula trifolii*　病原菌名なし

まずはやはり自分の好きな菌から行こう（本当はトリに回したいが、これまでの傾向を見るに、私は筆力とスケジュール管理に問題があり、後半はいつもグダグダさ）。日本には少なくとも12種のガマノホタケが知られており、ここに挙げた6種が雪腐病菌だ。[*2]

＊2-1　勝本謙先生がこつこつと集めた日本の菌類記録を、先生が亡くなられた後、その意思を受け継いだ方々により出版された『日本産菌類集覧』（日本菌学会関東支部、2010）によれば、ガマノホタケ属10種、ガマノホタケモドキ属3種、クダタケ *Macrotyphula* 属2種が記録されている。この後、私たちがスナハマガマノホタケ *Typhula maritima* の新種記載をした。また、松本直幸師匠は、融雪後、札幌市内でクズの葉の上に真っ黒で丸い菌核を見たと語った。マメ科牧草に特徴的な *T. trifolii* だと思われる。

＊2-2　クダタケ属は、マクロ《でか》なガマノホタケと称されるだけあって、大型で10センチを超えるものがある。だからガマノホタケを差し置いて、図鑑にモデルとして掲載されている。ただ、ガマノホタケ属の基準種、アカエガマノホタケのキノコも大型で10センチくらいある（主に草地で発生し、多くのキノコが見られる森林内でないのが災いしているかもしれない）。全長8メートルを超える化石種 *Prototaxites* なども、見た目だけは、ガマノホタケに似ている。こんなガマノホタケがいれば、〝*Gigantyphula* ミアゲガマノホタ

えっ、じゃあ病原菌でない他の菌たちはどうやって生きてるかって？　そりゃ同じように雪の下で落葉などを餌にしている。落葉は雪の重みでぺちゃんこになるだけでなく、雪の下でこれら腐生《ふせい》菌（ふて腐れて生きる菌でなく、落葉や落枝など有機物を地味に、でも地道に分解する菌たち）によって分解されて、春の芽吹きなどの栄養になっている[*3]。

日本の生き物には、学名と和名という二つ名をもつモノがいる。さらに病原菌は、病名という三つ目の通り名をもっている（〝ハガレン〟こと『鋼の錬金術師』（荒川弘　スクウェア・エニックス）にもない展開だ）。代表的な雪腐病を起こすガマノホタケは、雪腐〇色小粒菌核《しょくしょうりゅうきんかく》病菌[*4]と呼ばれ、黒または褐色の菌核（種イモのようなもの）から、スレンダーで、はかなく可憐なキノコを生じる（写真2−2F、G）[*5]。

雪解け後、しんなり枯れた枯葉の上にけし粒からゴマ粒、大きいものは米粒ほどの粒々が付いていたら、これがガマノホタケの菌核だ（写真2−2A−E）。見た目通り、種子や球根と同じく、菌糸が苦手な暑い季節（春から晩秋）を、菌核で乗り切る。その表面はジグソーパズルのような組織、核皮《かくひ》で覆われていて、菌の種

ケ〟属と命名したい。

＊2−3　今のご時世、ネットで画像検索すれば、多くのガマノホタケの写真を見ることができる。でもちゃんと種同定された正確な情報が、日本語で知りたいよねっと思うあなたに贈る、書店・図書館で確認可能なガマノホタケ・ガマノホタケモドキ・クダタケが掲載された図鑑リストはこれだ！
・五十嵐恒夫『北海道のキノコ』北海道新聞社、2006。
・今関六也・大谷吉雄・本郷次雄編『日本のきのこ 増補改訂新版』山と渓谷社、2011。
・高橋郁雄『北海道きのこ図鑑 新装改版』亜璃西社、2012。
・工藤伸一『青森県産キノコ図鑑』アクセス21出版、2017。
・池田良幸『特別版 北陸のきのこ図鑑』橋本確文堂、2017（未記載種有り）。

＊2−4　シロガマノホタケ *T. japonica* 雪腐二胞子小粒菌核病菌は、病名の通り、担子器上に2個の胞子しかない（二胞子性）。照井陸奥男先生による本種の記載論文を読んで、当初私は、*T. variabilis* の一核菌糸が形成するキノコではないかと予想していた。しかし、（本人の依頼で削除したが大体このくらいの分量で称えた

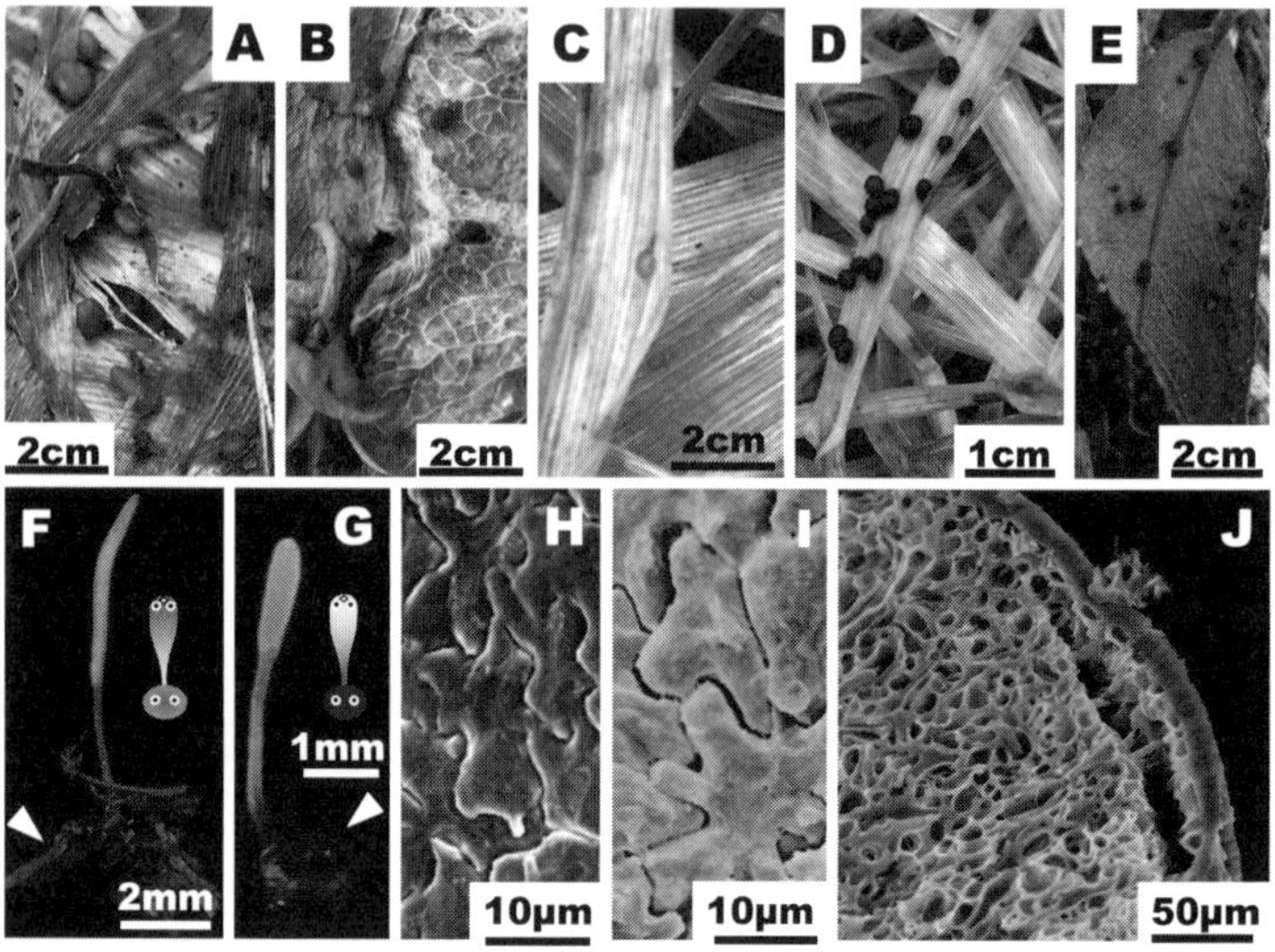

写真 2-2　イシカリガマノホタケと楽しい？仲間たち。A-E：菌核；F、G：キノコ（子実体：△は菌核を示す）；H、I：菌核表面；J：菌核内部。アカエガマノホタケ（A）、コアカエガマノホタケ（*Typhula erythropus*、B）、フユガレガマノホタケ（C、F）、イシカリガマノホタケ（D、G、H、J）、雪腐厚膜小粒菌核病菌 *Typhula variabilis*（E、I）。

ら、謙遜されてしまった）池田幸子博士により、本種の二核菌糸が二胞子性のキノコを形成することが再現された（Ikeda et al. 2015）。多くのガマノホタケは四胞子性だ。DNAによるガマノホタケの家系図を見ると、シロガマノホタケは他の仲間と大きく離れている。やはり形の違いは、系統の違いに表れている。将来的には、別属になるかもしれない（写真2-9、章末参照）。

＊3　残雪の縁をじっくり眺めていると、なにやらモシャモシャと白い菌糸が見えるときがある。これは雪解け前に活動する接合菌だ（写真2-10、章末参照）。彼らは根雪直後の厳しい寒さの下では活動しない（と思う）。気温が上がり雪解けが進み、十分な潤いと他の雪腐病菌によって分解の進んだ植物を食べるために一気に成長する（と思う）。その成長速度は速く、子嚢菌や担子菌は容易に取り囲まれてしまう（だろう）。対抗できるスピードをもつモノは、卵菌ぐらいではないか。この菌糸は、乾燥してしまうと容易に死んでしまう。このため培養してその性質を調べた研究はほぼない。だからはっきり言い切れない。

類によってその色やパターンに差がある（写真2―2 H、I、J）が、その理由を人は知らない。*6 やがて初雪が降る頃、菌核からキノコが出る。キノコと言っても傘はなく、棒状で根元（柄）が細く、胞子を作る場所（頭部）が太い（写真2―2 F、G）。*7 その表面に胞子をつくり、根雪前に胞子を飛ばす。ガマノホタケは見かけではピンとこないが、胞子の成長の仕方を見るとシイタケなどと同じ担子菌に属している。*8 運よく自分の好きな基質（植物など）にたどり着いた胞子は発芽し、それぞれが交配（菌糸同士が融合）し、親とは異なる個体となる。つまり、菌核を起点に1年で1世代交代する（図2―3）。一方、菌核で無性的にも（やはり植物で例えると、花が咲かずに株分けで）増えることができる。この場合はクローンなので翌年の雪解け後、親と同じ菌核を作る。つまり、この個体は1歳、年を取ったと言える。

ガマノホタケは皆雪の下で活動するが、それぞれを飼ってみると*9 種によって好みの温度が異なる。イシカリガマノホタケ＞フユガレガマノホタケ＞アカエガマノホタケの順に寒さを好み、暑さを嫌う（イシカリガマノホタケに至っては、室内である20℃で成長できなくなる）。

＊4 以前、学生を指導している際、イシカリガマノホタケの病名は、雪腐黒色小粒菌核病だと告げると、「黒の昇竜！カッコいー！」と勝手に盛り上がる男子がたまにいた（でも、ノボリリュウは子嚢菌だ）。その後、しょうりゅう＝小粒≠昇竜を知って、「ちっ、小《こ》粒《つぶ》かよ」とかつぶやくのはやめていただきたい。

＊5 写真2―2を見て、ガマノホタケってちっちゃくて・地味よねって思ったあなた。口絵を見てごらんなさい（口絵参照）。小さきものも集まればかなりのインパクトがありますよ。もうこれでモブキャラとは呼ばせない。あえてスケールは入れない。林立する子実体と共に魂を置き、その麗しき姿を存分に堪能していただきたい。

＊6―1 ガマノホタケ属菌の菌核表面のジグソーパズル状の組織（正確には核皮《かくひ》の rind cell pattern）は、Jacques Berthier 博士の博士論文（1973）あるいはガマノホタケ研究の聖書と言える彼のモノグラフ（1976）が図版も扱う種類も多くおすすめなのだが、仏文の上、入手が困難だと思う。まずは Ruth Elizabeth Remsberg 博士

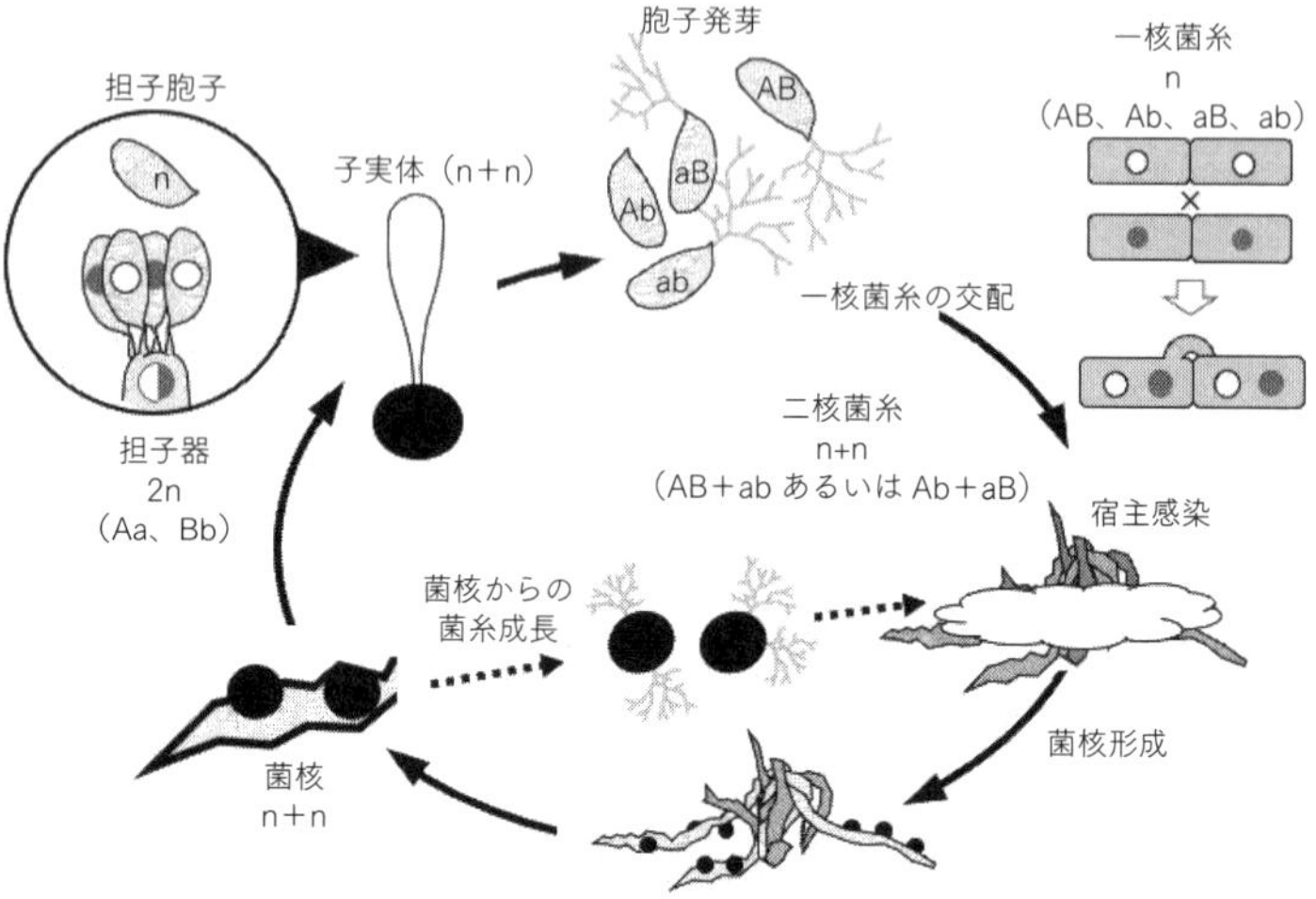

図 2-3　イシカリガマノホタケの生活環（本種で菌類の生活環を紹介できるなんて感激です！）。実線が有性生殖。イシカリガマノホタケは多くのキノコと同様に、交配のための 2 組の遺伝子（A と a、B と b）を持っている。担子胞子が発芽した 4 種の一核菌糸（AB、Ab、aB、ab）は互いに足りない遺伝子を求めて交配し、二核菌糸となる。1 細胞の中に核が 2 個ある n ＋ n の核型が通常だ！　人などで見られる 2n の核型は、胞子を作るための器官である担子器でしか存在しない。人と同じスーパーグループでもずいぶん違う。破線は無性的な生殖過程。

の論文（1940）か、ポーランド語だが英文要約が付いた１９８０年代に Acta Mycologia 誌に発表された Maria Dynowska 博士の一連の論文がネットで確認できるのでよいと思う。

＊6-2　種ごとにパターンが異なり、分類の指標となるのならば、そこに何らかの意味があるに違いないと人は思うのだが……。

＊6-3　アカエガマノホタケの菌核はそれなりに大きいからか、ワラジムシなどにかじられている。菌核の色の濃いものはフェノールなどの成分が多く、虫も好かないのではないかと思い、さまざまな種類の菌核をワラジムシとダンゴムシ（最近は、北海道にもいる）に与えてみたが、特に嫌がることもなく、ボリボリ食われてしまった（星野 2003）。うーん、菌核の色にはどんな意味があるのだろう？

＊6-4　知り合いの雪腐病研究者は若かりし頃、圃場《ほじょう》で被害状況調査を行っていた折、手持ち無沙汰でよくガマノホタケの菌核をかじっていたと語った。まだ、彼は天に召されていないので急性・慢性毒性ともにないと思う。ただこれをもって我らがガマノホタケの菌核に食経験があるとうそぶくことはできない。

これに呼応して、先の順に植物に対する病原性も強くなる。イシカリガマノホタケ（雪腐黒色小粒菌核病菌なので以降、黒雪《くろゆき》さんと略称）は、ほぼ新鮮な生きた植物だけを食べる美食家の寄生種で、フユガレガマノホタケ（雪腐褐色小粒菌核病菌なので以降、チョコ……いや茶雪《ちゃゆき》さんと略称）は偏食もなく、落葉も（腐生性）生葉を食す（寄生性）庶民派だ。そしてアカエガマノホタケ（以降、赤柄《あかえ》さんと略称）はほぼ落葉を好み、たまに生葉を喰う個体もいる。

　こうしてみると、もともと秋のキノコだった落葉食いの赤柄さんたちガマノホタケは、雪の下で他の微生物が活動しないのをいいことに、越冬する植物を独り占めするために進化したと考えることができる。つまり、彼女たちは、新たな環境に乗り出した開拓者なのだ！

　黒雪さんは、北半球でさらに大雑把に3種類のグループに分けることができる。あれっ？　同じ種なんでしょ、と思われるかもしれないが、微妙に差がある。例えば菌核は乾燥していればたしかに真っ黒だが、湿らせると黒とこげ茶のモノがいる。また、同種ならば胞子から発芽した一核菌糸を、別の菌株の菌糸と掛け合わせると、ちゃんと二核菌糸になるはずだが、菌株によってうまくいったりいかなかったりする（茶雪さんはこのへん、きちっとしていて、どの菌株の組み合わせで

＊7-1　ガマノホタケ属に似た菌にガマノホタケモドキ属がある（ガマノホタケ自体が、蒲の穂に形態が似たキノコだから、そのモドキって言われてもなぁ）。一般には菌核を作るものがガマノホタケ、作らないものがガマノホタケモドキと称されているが、これは間違っている（このフェイクニュースは、英国の Robert Kaye Greville 博士から始まり：Greville 1828、これにフィンランドの大菌学者 Petter Adolf Karsten が乗っかったこと：Karsten 1882 で拡散した）。
　正式な Fries の属の記載では、ガマノホタケは柄と頭部が明確なモノ、ガマノホタケモドキはこれが連続しているとある。長らく勘違いされてきたが、形態的な特徴やDNA解析の結果を見ると、クダタケ属を巻き込んで一属にまとめられていくと思う。今後、スペインの若手研究者 Ibai Olariga 博士の研究に期待が集まること必至だ（Olariga 2012）。

＊7-2　Corner 1950、同 1970 もガマノホタケとその仲間たちを研究するための聖典である。Corner 先生は、フキガマノホタケモドキ（写真2-11、章末参照）を大谷吉雄先生の案内で、道内で

もちゃんと二核菌糸になる)。

これをイメージにすると、図2−4のような串団子だ。黒雪と茶雪は、きっちり見分けがつく。ただ、黒雪さんA・B・Cは、それぞれよく似ている。AとCの相性は悪いが、AとB、BとCの相性は悪くない。つまりこの組み合わせではBを介して、AとCがつながっている。このため大くくりでA・B・Cを同種とみなすことができる。

なぜ、黒雪さんたちに差があるのか? 茶雪さんの胞子は、風に乗ってそれなりに遠くへ飛ぶが、黒雪さんたちの胞子はあまり飛ばない(正確には遠くへ飛ぶ間に死んでしまうらしい)。これが長い間続き、地域ごとに性質の差が生じたと考えられている。だから黒雪さんたちを並べてみると、一株ごとに姿や性質が少し違うのだ。さらに飼ってみると菌糸の伸ばし方、菌核の大きさや色、培地上での菌核の作り方に個性がある。いや、よいなぁ。黒雪さんたちは!

栄枯盛衰は、人の世だけではない。雪の下でガマノホタケたちが活動することによって植物を分解したり、自ら多糖などの粘液成分を分泌する(これに関して

採集したとある。「地味だ・わからん・知らん」とか言われる菌たちだが、意外に菌学の大物たちが関わっているのだ。

*8　これも遺伝子解析による成果の一例。『日本のきのこ 増補改訂新版』(山と渓谷社、2011)とその旧版(同社、1989)を見比べるとかなりの属の掲載ページが異なることに驚くと思う。ガマノホタケを含むヒダナシタケ類や、踏んだらバフッと胞子を噴き上げるヒョウタンツギ(はキノコだと手塚治虫先生は考えていた)など腹菌類が解体されているのだ。

*9−1　温度の他に餌の好みなど菌の種類によって異なる。一般には、ジャガイモに砂糖を入れて煮出した、ポテトデキストロース寒天培地を菌類の培養に用いることが多いが、落葉食いの菌なら燕《えん》麦《ばく》ふすまを含んだオートミール寒天がよい。ソ連時代にガマノホタケを研究したEkaterina Grigorieva Potatosova博士は、その学位論文(1960)の中で、ガマノホタケの宿主となる越冬性作物に加えて、ジャガイモに対する病原性を調べていた。なぜなのか? オレグといろいろと話し合った結果、

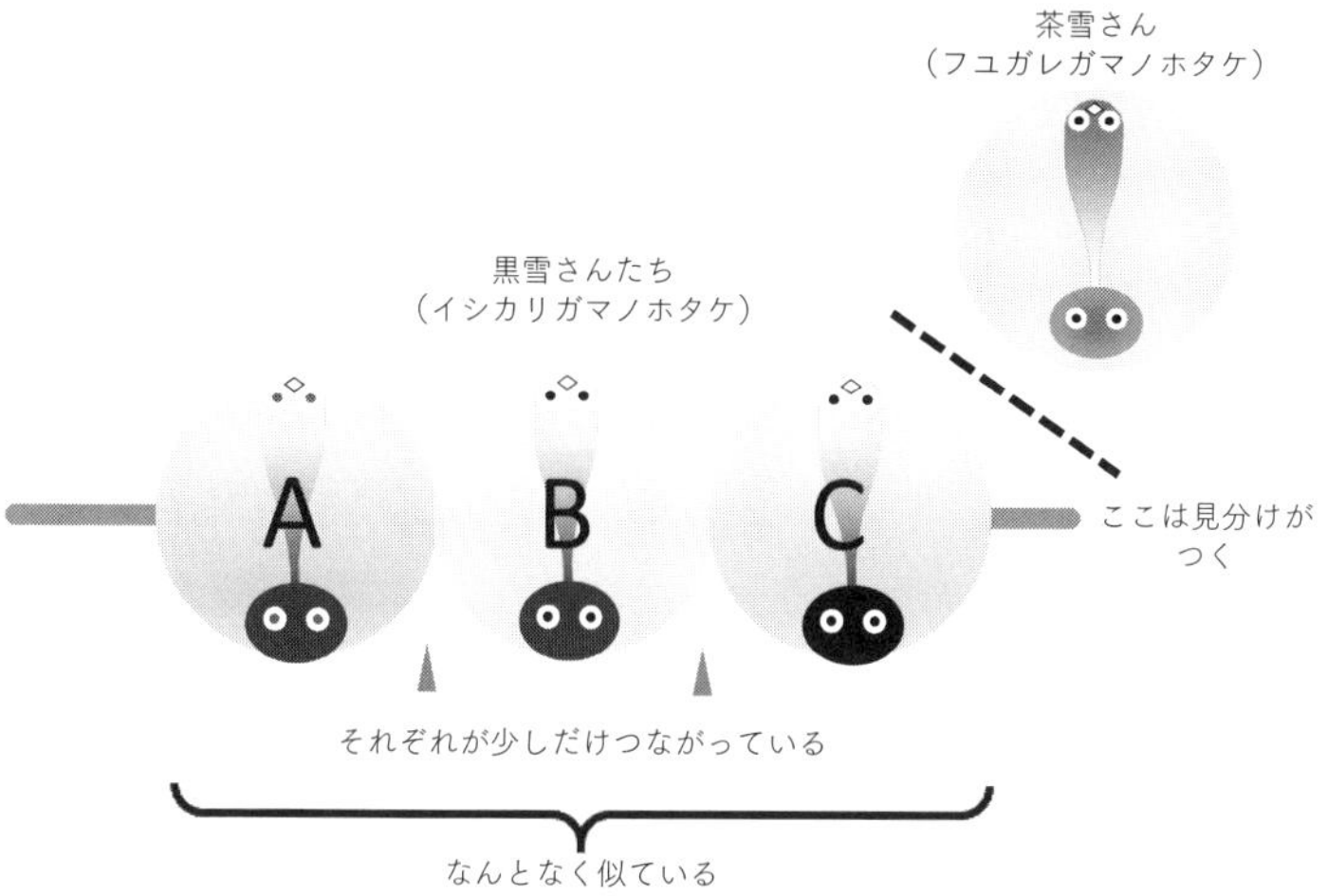

図2-4　生物的種概念の串団子モデル

実験室で菌を培養するのに、何も考えないで使用しているジャガイモの役割を検証したのだと考えた。これは目からうろこの驚きだった。考えなしに実験したらいけないと、強く思ったロシアの春、私は32歳だった。

＊9-2　ジャガイモではないが、低温貯蔵中のヤマイモ（原田 1995）やニンジン（Ikeda *et al.* 2016）にガマノホタケが出る。個人的にニンジンは、かなり最近まで苦手な野菜ナンバーワンだったが、最近はスティックサラダならば食べられるようになった。

＊9-3　Potatosova博士は所属する研究所の部長時代、研究員のリストラ（！・ソ連にもあったんだ）で自身の病気を理由に彼女が自身を解雇することで研究から離れた。オレグは、「まともな研究者から抜けていくなんてだめだよ」と寂しそうに言った。

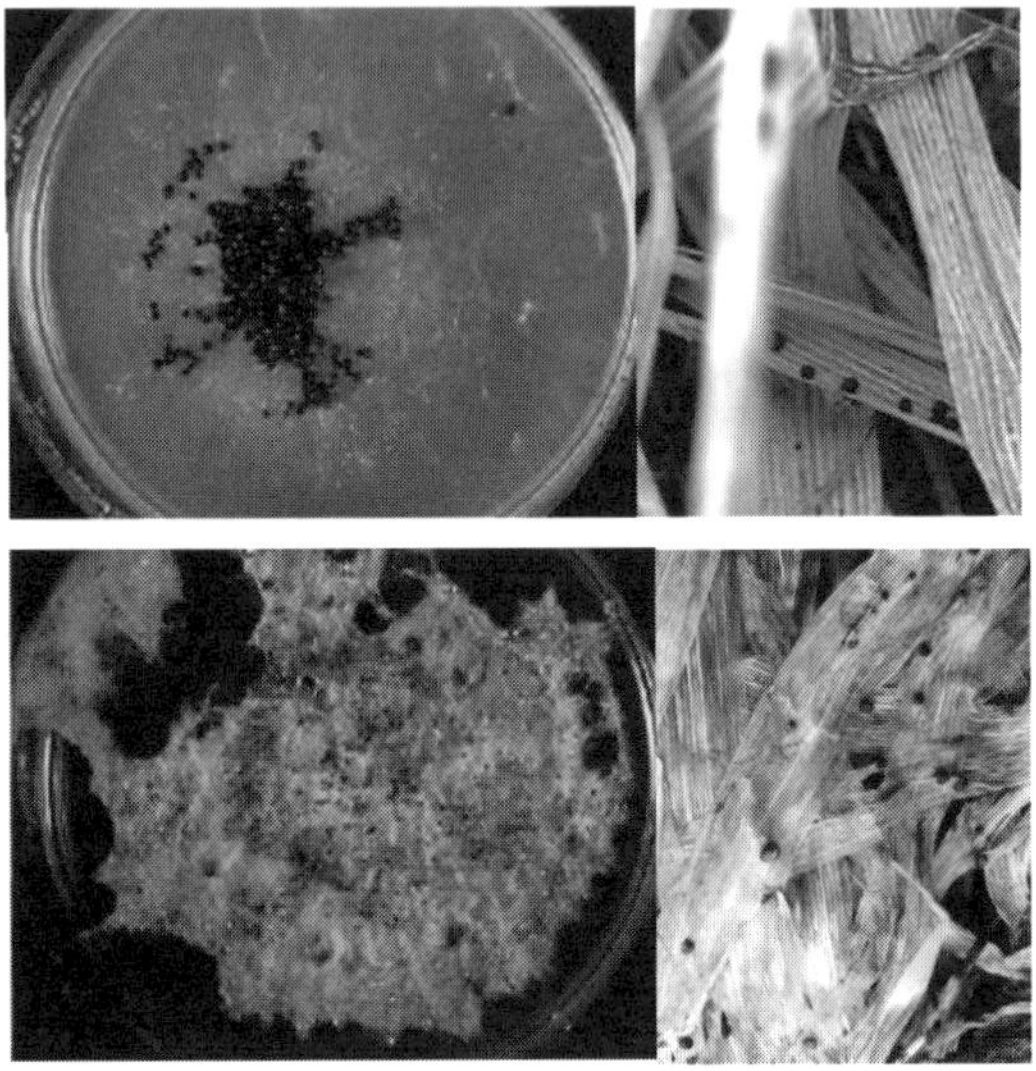

写真 2-3　イシカリガマノホタケの菌核。いずれもアイスランド・アークレイリで採集。上の菌株は、図 2-4 で B に相当する菌株。北半球に広く分布している。下の菌株は、ユーラシア大陸中央部と欧州（スカンジナビアを除く）で見られない。C に相当する菌株、A に相当する菌株は北極圏を中心にロシアとアルプスに分布する。黒雪さんの中でも一番の寒さ好きだ。
出　典：T. Hoshino, M. Kiriaki, I. Yumoto & A. Kawakami（2004）Genetic and biological characteristics of *Typhula ishikariensis* from Northern Iceland. *Acata Botanica Islandica* 14: 59-70 を基に作成。

は、第4章で解説)。これに釣られて他の菌類や細菌の活動が活発になる。雪の下でコッソリ地下活動(いや、正確には、これも違う)していても、目立ってくれば他が放っておかないのはどこの世界でも同じだ。

中にはガマノホタケたちに積極的に悪さをする細菌もいる(写真2-4)。茶雪さんたちの菌核の上で繁殖し、寄生する担子菌でエノキタケなどの遠い親戚(*Cylindrobasidium prasitic*)や、担子菌である茶雪さんの菌核からなぜか子嚢菌チャワンタケが出てきたり、赤柄さんかと思ったら、菌核から橙色の棒状のキノコが出てきて、これが菌核寄生に特化した子嚢菌(*Episclerotium sclerotipus*)だったりと大騒ぎだ。[*10]

さらに大型の線虫が雪腐病菌の菌糸を食べるらしい(ロシア筋からの未公開情報)し、ワラジムシたちも菌株をかじる。これに雪腐病菌に食われる植物たちの阿鼻叫喚や抵抗するさまを加えると、雪の下も人が思うほど静かな環境でないことがわかる。

＊10-1　Woodbridge *et al.* 1988.
＊10-2　Corner 先生の本にある *Typhula bulbosa* のイラストは、まさにチャワンタケに寄生されたガマノホタケの菌核からそれぞれのキノコが出ているように見える。
＊10-3　斉藤他 2007。赤柄さんの菌核を煮出した培地で培養することができる。菌糸との対峙培養では寄生性は見られていない。

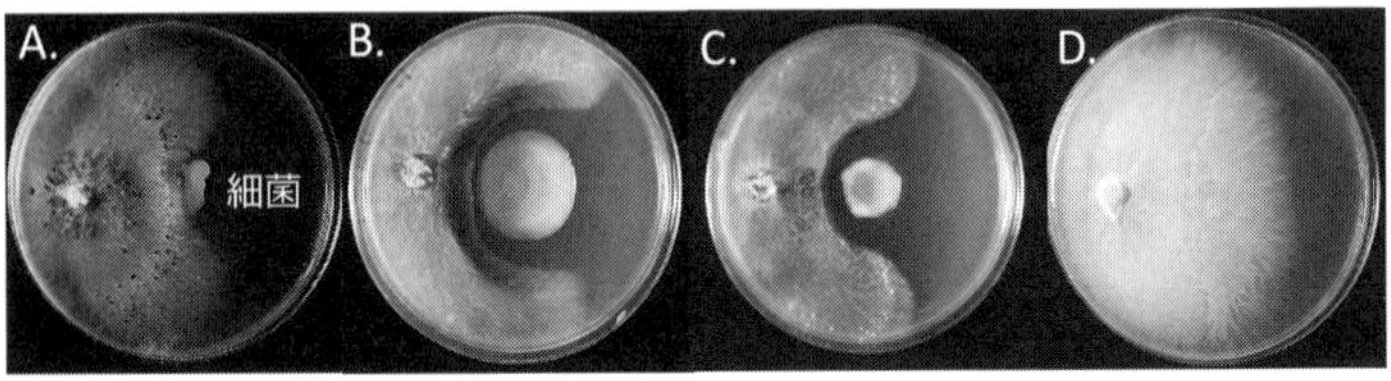

写真 2-4　土壌細菌によるイシカリガマノホタケの成長抑制。A：菌糸成長抑制の低い納豆菌の仲間の細菌（*Bacillus* sp.）との共培養。ここで示す sp は、「喰らえ！　必殺スペシャル・マローズ・ブリザ──ド！」とかに使われる“特別”の意味じゃなく、“種（species）”のこと。つまり種名までは明らかにできなかった場合に使用する。B：代表的な細菌の一群（*Pseudomonas* sp.）に出会った菌糸は成長が抑制され、褐変する。かなり嫌がっている。C：別の細菌（*Pseudomonas* sp.）には、シャーレ全体の菌糸を赤く変えるものもいる。何か揮発性の物質を出しているのだろう。さらに嫌がっている。D：ほとんど影響がないように見せかけて、菌核形成だけを抑制する納豆菌軍団から独立した細菌の仲間（*Paenibacillus macquariensis* subsp. *defensor* *11）もいる。残念ながらこの細菌の菌核形成抑制能力は、菌株を植え継いでいくうちに失われた。この一連の写真は、見ようによっては月の満ち欠けのようだ。

＊11　この菌をロシア・マガダン州で発見したのは、私たちだ（Hoshino *et al.* 2009）。当初新亜種を提案する際に、地元の少数民族ユカギール語で、「魔物の子供を隠すもの」kukudoiahitejonii と名付けて投稿したが、長くてわかりにくいとの理由で、defensor と言うありきたりな種小名にほぼ勝手に改名された。これにより一時、本菌に関する情熱をかなり失った時期がある。

雪腐大粒菌核病菌とその仲間たち

和名なし	*Sclerotinia borealis*	雪腐大粒菌核病菌
和名なし	*Sclerotinia nivalis*	雪腐病
和名なし	*Sclerotinia trifoliorum*	菌核病（マメ科牧草）
和名なし	*Sclerotinia kitajimana*	苗菌核病、菌核病（針葉樹実生）
和名なし	*Botrytis cinerea*	灰色かび病（針葉樹）

子嚢菌キン《菌》カク《核》キン《菌》属にも雪腐病菌がいる。ガマノホタケの5〜20倍くらいの大きさの大粒の菌核を作る（と言ってもネズミの糞と称される程度の大きささサ）。越冬する多様な植物を宿主《しゅくしゅ》（と読むのが一般的、話すとき意味が通じるよう「やどぬし」とあえて呼ぶときがあるが、連発すると相手から(@_@)って顔をされる）にもち、*Sclerotinia kitajimana* のようにスギなど針葉樹の実生（芽生え）にも感染する。

この中で一押しは、帯広・北見など北海道の土壌凍結地帯で雪腐病を起こす雪腐大粒菌核病菌（以降、種小名：学名の小文字で始まる名に相当する部分、ボレアリス《北の意味》と省略）だ（写真2−5）。孤高のこおりタイプ最強の雪腐病菌だ。なぜ孤高かと言うと、同属の他の菌に比べて、圧倒的に寒さを好むからだ。ガマノホタケたちが徐々に寒さに適応したように見えるのに対して、ボレアリスは一足飛びで進化したのだろうか、中間的な種がいない。そんなボレアリスを含むキンカクキン属の雪腐病菌は長年、斉藤泉さんが研究されている。今後、これまでの研究を論文にまとめるとのこと。楽しみだ。

前章でふれたように、寒さを好むボレアリスの菌糸は、20℃以上で成長することはない。しかし、胞子分散を考えると根雪前にキノコを出したい。そこでボレアリスの菌核は20℃くらいでも発芽するようになったらしい。

それを知らずに私は、実験の終わったシャーレをまとめて空の段ボール箱に入れ、しばらくその存在を失念していた（後日、あれは意図した放置プレイだと証言したが、これは嘘だ）。年末の大掃除で片付けろと言われて、箱を開けて固唾《かたず》を飲んだ。ボレアリスの菌核が、室温で発芽している！（図2−5C）

もう、掃除どころじゃない。

写真 2-5　こおりタイプ最強の雪腐病菌。左のキノコを少し揺らすと、傘から白い煙が上がった。これは刺激で子嚢（イラスト参照）を開き、胞子を飛ばしているのだ。小麦や牧草だけでなく、ネギなどにも感染する。写真左にいるのは、模式化したボレアリス。以降、本種あるいは他の子嚢菌の説明の際に積極的に登場予定。

この現象を初めて記録したのは、当時帯広畜産大学の大学院生だった伊槻康成氏だ（図2－5 A、B）。この発見は修士論文にのみ発表されていたが、２００１年に斉藤さんが国際学会の報告書に引用し、私が伊槻さんの許可をいただいて、そのデータを総説中に再掲した。

読者の中に学生の方がおられて、自分の卒業研究など、先輩と実験条件や菌株などを少し変えただけなので、大したことないと思っているかもしれない。でもそんなに卑下することはない。少し条件を変えただけでも、世界で初めて実験することに変わりはない。その結果が発表時に注目を集めなくとも、後日データを確認するために、あなたや母校の図書館に連絡する研究者がいるかもしれない[*12]。ネットと自動翻訳の発展によって、日本語の修士論文に英語やスペイン語で問い合わせが来るかもしれない。自分では大したことない結果と思っていても、見方を変えると他人の大きな関心を引くこともある。論文はすべて自分の作品であり、一生ついて回る、消すことのできない自分の履歴なのだ。できればやっつけ仕事にしないほうがいい。自戒を込めてここに記す（だれでもそうだと思うが、消したい過去は私にもある）。

＊12　同じような例として、酒井1958がある。時期的にも北陸で雪腐病の発生が減っていく時期の重要な記録で、このような研究が高校で行われていたのが驚きだ。ちなみにこの雑誌、国会図書館に収蔵されていない。

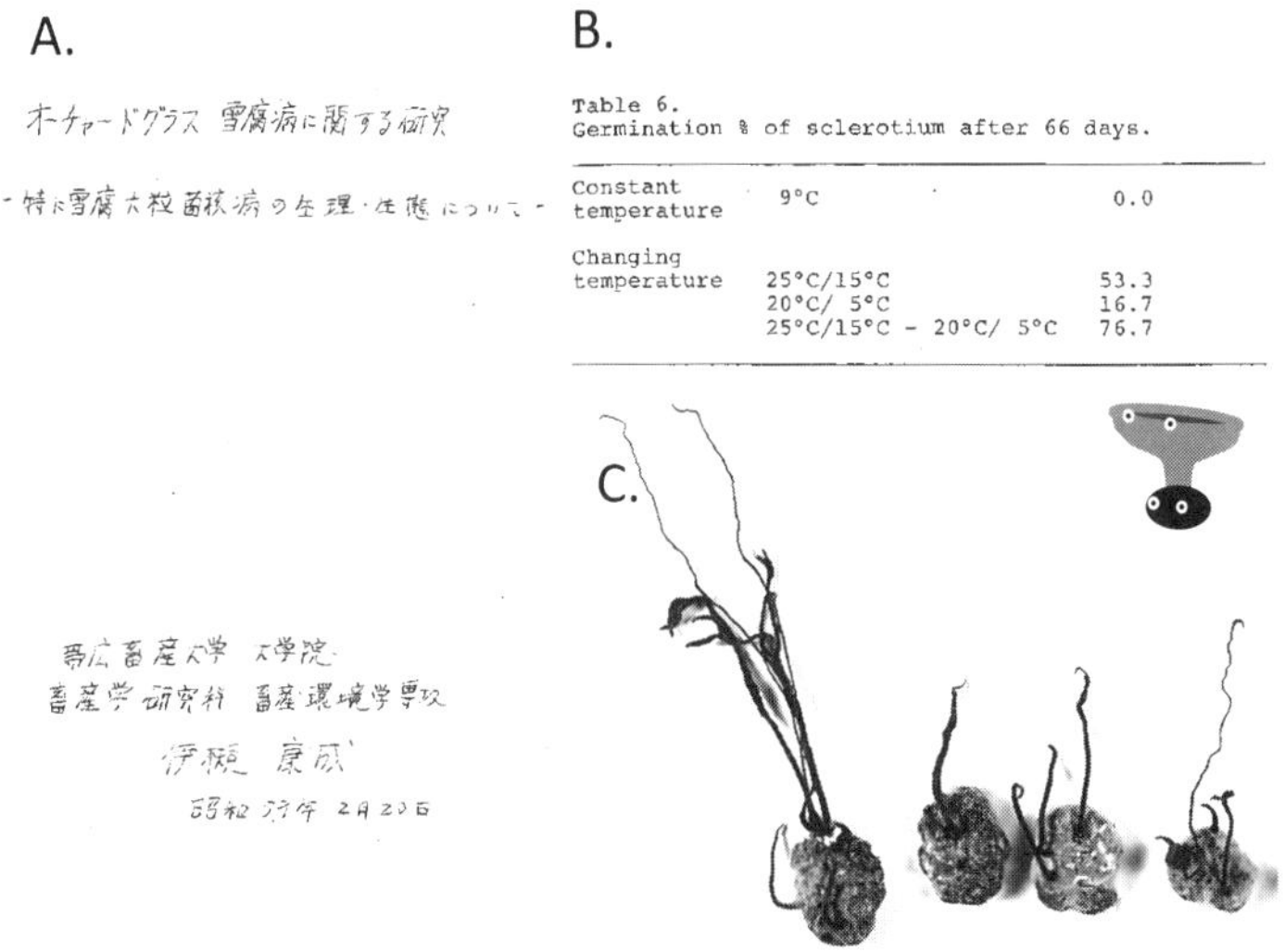

A.

オーチャードグラス 雪腐病に関する研究

－特に雪腐大粒菌核病の生理・生態について－

帯広畜産大学 大学院

畜産学研究科 畜産環境学専攻

伊槻 康成

昭和55年 2月20日

B.

Table 6.
Germination % of sclerotium after 66 days.

Constant temperature	9°C	0.0
Changing temperature	25°C/15°C	53.3
	20°C/ 5°C	16.7
	25°C/15°C - 20°C/ 5°C	76.7

図 2-5　20℃以上で発芽する雪腐大粒菌核病菌菌核。A：伊槻氏修士論文表紙。B：伊槻氏修士論文中のデータ。昼 25℃・夜 15℃の条件で 53.3 ％の菌核は発芽することに注目。資料提供：伊槻康成氏。C：たまたま私が再現した暗所・室温で発芽した菌核（T. Hoshino & N. Matsumoto（2012）*Fungal Biol. Rev.* 26: 102-105）。

んん？　なんか、この章の終わりみたいな書きぶりになってきたが、次の菌に続く。

　さらっと〝雪腐病〟と呼ばれる *Sclerotinia nivalis* の生き方も興味深い。この菌はピンで飼ったら全然寒さ好きじゃない。もっともよく生《は》える温度が20℃で、なんと30℃まで菌糸が伸びる。じゃあなんで雪腐病って呼ばれているのかと言うと、前章、図1―8の黒雪さん（イシカリガマノホタケ）同様、温度が高いと他の微生物との競争に勝てないからだ。[*13]

　かなりひいき目が入っているが、黒雪さんならば、雪腐病菌と呼ばれるのもわかる。寒地特化型だからだ。でも *S. nivalis*（そういや最初から呼び捨てだ）は、他の微生物との兼ね合いで、野外では寒いところでしか生きられないが、本来、寒くても生えるくらいのスペックだから、少々抵抗がある。しかし意外にも、北半球に広く分布している。[*14] まだ私たちが知らない特殊スキルをもっているのだろうか？　あるいは、弱っちくとも雪の下に逃げ込めば、なんとかなるくらいの余裕が環境にあるのだろうか？

＊13　Iriki *et al.* eds. 2001.

＊14　Imai *et al.* eds. 2013.

季節をかける雪腐病菌

和名なし	*Microdochium nivale* var. *nivale*	紅色《こうしょく》雪腐病菌
和名なし	*Microdochium nivale* var. *majus*	紅色雪腐病菌
和名なし	*Phacidium infestans*	ファシディウム雪腐病菌
和名なし	*Phacidium abietis*	ファシディウム雪腐病菌
和名なし	*Gremmeniella abietina* var. *abietina*	トドマツ枝枯病菌
和名なし	*Gremmeniella abietina* var. *balsamea*	トドマツ枝枯病菌
和名なし	*Microsphaeropsis* sp.	ミズキ茎枯病菌

（いずれも子嚢菌類。この他、樹木に雪腐病を示す多くの菌類が知られている。）

雪腐病菌と聞くと、寒さ好きな菌と思われるが、*S. nivalis* のような室温でも増殖できる菌たちが多数派で、黒雪さんやボレアリスのような好冷菌は少ない。たしかに雪の下は、人にとっては極限環境だが、南極大陸などを除き、冬の雪はとけて春になる。つまり積雪下の極限環境は季節限定イベントだ。ガマノホタケやキンカクキンたちが、菌核でこの暑い季節を乗り切ることは先に示した。そして雪解け後も活動する雪腐病菌たちもいる。

紅色雪腐病菌という子嚢菌がいる。[*15] 植物病原菌の大派閥の一つ、フザリウム *Fusarium* 属に近縁の菌だ。現在、雪腐病として経済的に世界規模でもっとも問題となっている。その理由は、菌が小麦の種子に忍び込み、人の移動によって病害が広がるからだ。そして雪がなくとも涼しければ病気が起こる。冷夏ならば小麦の穂に感染して、赤カビ病も起こす（図2-6）。菌糸が成長できる温度幅が広いためできる芸当だ。とは言うものの、冬でも冷夏でも成長するなんて中途半端なヤツと思い、正直なところあまりこの菌に興味がなかった。

ところが雪腐病菌の総説を書くため、普段自分が付き合いのない菌たちの論文を読み、ファシディウム雪腐病菌、トドマツ枝枯病菌やミズキ茎枯病菌の生き方を知って驚いた！ 彼ら（ファシディウム以外はもう病名に雪腐が付いていない）はたしかに雪の下で感染するが、主な活動は融雪後だ。[*16] 彼らは宿主を巡る競争で、他

＊15 話しているとまれに「好色」と勘違いしてにやけている男子がいる。意外に古典に造詣が深いことのアピールかもしれないが、やめた方がよい。

＊16 横田 1983; 秋本 1992。北海道立林業試験場編『北海道 樹木の病気・虫害・獣害』（北海道森と緑の会、1991）には、樹木系雪腐病菌の写真が多数掲載されている。また、トドマツがんしゅ病 *Lachnellula calyciformis* やミズナラ暗色胴《どう》枯《がれ》病 *Cryptodiaporthe* sp. のように病害により宿主がもろくなり、積雪によって枝折れや倒伏など雪害の原因となるなどの幅広い意味で雪と関わる菌類のプロフィールも確認できる。

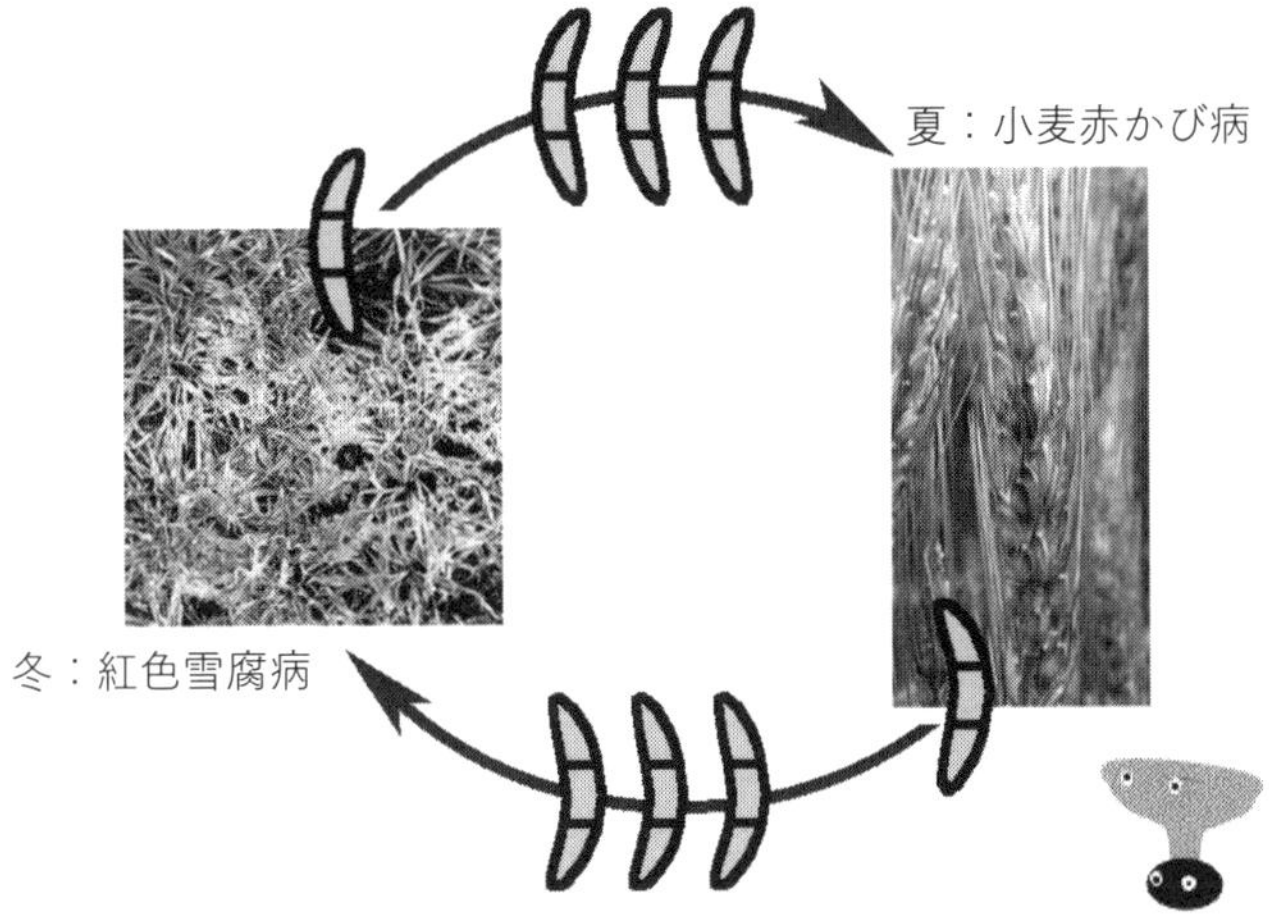

図 2-6　さくっとわかる *Microdochium nivale* の生活史。冬と夏で病名が異なる。『フルーツバスケット』（高屋奈月、白泉社）の草《そう》摩《ま》紫《し》呉《ぐれ》先生のようにラノベと純文で筆名を替える感じか？　でも菌は同じだ。写真提供：Anne Marte Tronsmo 博士。

の微生物に先んじるために、雪の下を利用しているのだ。紅色雪腐病は、雪の下と冷夏で半々に生きているが、枝枯病菌は一年を通じて活動している。

「先んずれば人を制す」の諺《ことわざ》は、ヒトのためだけにあるわけじゃない。先んずれば菌をも制す。先行予約や整理券のない、しかも割込みありの先着順の世界では、冬ノサムサも夏の暑さも乗り切れる体力が必要なのかもしれない。研究者がこれを〝広温性〟と呼ぶことを、彼らの生き方を通じて知った。

寒さと生きる菌たちの生き方は、それぞれに多様の戦略がある。黒雪さんやボレアリスの一芸を極めた生き方も素晴らしいが、枝枯病菌たちの季節を越える生き方も魅力的だ（幅広い温度で活動できる性質は、産業的にも意味があると思う）。ある基準では、中途半端に見える紅色雪腐病菌の生き方も、その物語を知ると違った一面がわかる。今はこれまでの態度を反省し、謝りたいと思う。

謎多き雪腐病菌たち

和名なし	*Athelia* sp.	スッポヌケ症（仮称）
和名なし	*Coprinus psychromorbidus*	LTB（low temperature basidiomycete）
和名なし	*Sclerotium nivale*	？
和名なし	*Racodium therryanum*	暗色《あんしょく》雪腐病菌
和名なし	学名未詳	えぞ雷丸《らいがん》病
和名なし	Cryptomycota	？

植物病原菌は、当然だが植物に対して病原性を示す微生物のことだ。宿主となる作物の種類や品種が替わったり、その環境が変わることで、大発生したり、知らぬ間に消えてしまったりする。

秋蒔き小麦に発生する雪腐病にスッポヌケ症（仮）と言う病害がある。北海道で1980年以前から知られていた比較的新しい病害だ（えっ！　古、と思うが、それが人類の歴史っつうもんだ）。茎を引っ張ると容易に抜けることからこの仮の病名がある。かさぶた状の黒い菌核を培養すると担子菌に特徴的なクランプ構造（かすがい連結とも：〝子は鎹《かすがい》〟のかすがい。コンビニの聖地、愛知県春日井市とは無関係）が菌糸に見られる（写真2-6A）。

スッポヌケ症は、米《こめ》原理主義国の日本でパン食が普及し、忘れられていた小麦栽培が再び盛んになる時期に発生し、やがて気候変動により北海道でも土壌凍結が浅くなり、担子菌に効果的な農薬の利用や小麦品種の変化が合わさり消えていった。山林を切り開いた農地などで多く見られた。

当初、北米にのみ発生するヒトヨタケ属の low temperature basidiomycete（LTB）[17]との関連が疑われたが、複数の菌株を用いた交配試験の結果、遺伝的に別系統であることが確認された。[18]私の兄弟子に当たる川上顕博士は、スッポヌケ症を起こす菌株の遺伝子解析からコツブコウヤクタケ属 *Athelia* と高い相同性があるとの結果を得た。しかし、川上さんも、その後菌株を引き継いだ私も、さまざまな植物への感染力を有する代表的な植物病原菌である *Rhizoctonia solani*（この菌の中にも雪腐的な生き方をする個体がいる）[19]などを参考にいろいろと試したが、まだ子実体に出会えない。菌株ごとに遺伝子配列に差があるので、野外では担子胞子を飛ばし、交配しているのだと思う。種同定に必要な担子器や胞子などの形態情報がないため、未だ正式な種の記載がされていない。病名の後ろにある（仮）はしばらく続くかもしれない。[20]

＊17　私がノルウェー留学時代世話になったÅshild Ergon博士は、両親のもつ同国中央部の別荘でＬＴＢとよく似た病徴を見たと語った。彼女は学位取得後、カナダに留学し、本場のＬＴＢを目にしている。この後、詳細を問い詰めたはずだが、なぜかピッピみたいなノルウェー王国における少年少女の夏休みの過ごし方しか覚えていない。

＊18　１９９０年代に清水基滋・宮島邦之両氏による一連の研究が、日植病報に発表されている。

＊19　伊藤一雄『図説特用樹病害診断法』（林野共済会、1960）。Smith *et al.* 1989.

＊20　２０１９年現在、菌類分類学のホットな話題として、遺伝子配列だけで新種記載できるかを、国際菌学会が投票に諮《はか》っている。たしかに遺伝子配列と言う指標は、便利だが測定した遺伝子配列は、生きた菌株の中で百年経っても同じなのか疑問だ。個人的にはまだ形が想像できないモノや、人が見分けられないモノにまで名前が必要なのか、さらに疑問に思う。こちらは単なる認識番号でよいと個

写真2-6　小麦のスッポヌケ症（仮称）とロシアの謎の雪腐病菌 *Sclerotium nivale*.
A：スッポヌケ症。A-1 病徴、A-2 培養した菌糸。▲は、担子菌の二核菌糸に特徴的なクランプ構造を示す。A-3 病徴中央にかさぶた状あるいは、たまったへそのゴマ状の菌核（△）が見える。写真提供：敬愛する兄弟子、川上顕博士（2002 年、北海道・訓子府町にて撮影）。B：*Sclerotium nivale* の病徴。落葉も食べそうな顔つきをしている。写真提供：Oleg B. Tkachenko 博士（以降、オレグと略称）。

人的には考える。一方、スッポヌケ症（仮）のように標本や菌株が存在し、病害など人の暮らしと関わりのあるものは、その名が必要と考える。

ロシアはやたら広いだけあって不思議な国だ。ホップ根につく黒雪さんやマツの苗を枯らすボレアリスがいる。そんなロシアとエストニアにのみ報告される雪腐病菌に *Sclerotium nivale* がある。白い菌核は0・5〜1ミリメートルと小さい。DNA解析の結果、子嚢菌類だとわかった。この菌は、正式に新種記載されておらず、おまけにちょっと前まで文献のすべてがロシア語とエストニア語だったので、現在を生きる人では私たちの共同研究者のオレグしか知らなかった菌だ。お、恐ロシヤなんて、少なくとも日本の研究者は言えない。後述する暗色《あんしょく》雪腐病菌は、ほぼ同じ経緯をたどっている。

地面に落ちた樹木の種子の大部分は、発芽することなく腐ってしまう。これは雪腐病菌の仕業だ。そして倒木の上に落ちた種子のみ、雪腐病菌の難を逃れて発芽し、若木となる。これを倒木更新と呼ぶ（写真2−7A）。北海道での病原菌は、暗色雪腐病菌 *Racodium therryanum* と呼ばれる子嚢菌だ。「暗色」の響きがすごい。飼ってみるとまたすごい。シャーレを緑がかった黒い菌糸が覆っていく。この色は、着色した菌糸がからまりあいながら成長することによる（写真2−7B）。この菌も謎が多い（と言うか、ここはそんな菌ばかり集めている）。遺伝子解析からおそ

写真 2-7　倒木更新と雪腐病菌。A：倒木更新の様子（2004 年、ロシア・カムチャツカ州にて撮影）。写真中央に苔むして横たわる倒木から若木が育っている。B-1：暗色雪腐病菌の菌叢（シャーレで菌糸が育つ様子）。何かどこかで見た感じと思っていたが、いらすとやさんの素材にあるな。B-2：着色した菌糸。膨らんだ細胞は、厚膜胞子とされる。写真提供：宮本敏澄博士。C：えぞ雷丸病菌菌核。試料は森林総合研究所北海道支所よりお借りした。

らく有性生殖をもち、子嚢胞子を飛ばしていると予想されるが、野外で子嚢は見つからないし、シャーレの中でも作らない。先人もいろいろ悩んだ末に、この学名にした。[*21] 暗色雪腐病菌に関する論文は、2005年に坂本泰明さんが国際誌に英語論文[*22]を発表するまで、佐藤邦彦博士らの論文の英文要約や、北大の五十嵐恒夫先生らによる国内誌での英文論文を除き、ほぼ日本語で発表されている。当時はネットで論文を探すことが難しかったため、日本以外全世界でノーマークの菌だった（しかし、雪腐病菌で唯一、児童書に登場している。石黒誠 月刊たくさんのふしぎ2016年1月号「トドマツ」福音館書店）。この *Racodium* 属は、子嚢などが見られない黒っぽい菌糸とされ、多くの他の種は、後に子嚢胞子などの特徴が発見され別属に移動し、ほとんど使われなくなった。このため属名廃棄の提案が出るほどポンコツ扱いされていたが、地衣類でこの属名を使用しているため一命を取り留めている（ただし、地衣類とは関連がない）。

なぜこの菌は、倒木上では活動できないのだろう。倒木は地上より少し高く、一気に雪が降らなければ、根雪に埋まることがなく、寒さが続けば倒木上が凍結する。暗色雪腐病菌は、凍結によって死ぬことはないが、菌糸成長が遅くなる。[*23]

＊21　佐藤他 1960; Cheng & Igarashi 1987; 1988.

＊22　Sakamoto & Miyamoto 2005.

＊23　坂本他 1995。

この成長の遅れと積雪期間の兼ね合いで、病気の進行が異なり、発病の有無につながるようだ。

トドマツ種子に感染するえぞ雷丸病は、珍しく地名が入った病名だ。雷丸とは、正倉院に宝物として保存されている生薬であり、担子菌の菌核だ。えぞ雷丸は1～23ミリメートル程度で、円形から不定形。菌核表面は濃い黄色から黒までさまざまで、灰色や青い菌糸がからまっているものがある。菌核内部は、薄黄色から橙色（写真2‐7 C）で、生の菌核をすりつぶすと独特の臭いがあり、これを焼くと異様な臭気が漂うとある。[*24] さすがに菌核が大きいと臭いのようなキノコっぽい性質も調べているのかと思っていると、えぞ雷丸病は発見の初期、球形でほぼ同様の大きさの菌核（ラムネ瓶のビー玉くらい）を形成する担子菌タマムクエタケ *Agrocybe arvalis* との関連が調べられており、タマムクエタケの菌核も臭うため同じように着目されたのだと思う。培養したえぞ雷丸病菌は、クランプ構造のない菌糸とゴマ粒型の分生胞子をもち、おそらくは子嚢菌だろう。

この菌は、主に1950～60年代に発生した病害で、現在その発生は途絶え

＊24　小野 1974。

ている。年配の研究者にお話を聞いたとき、この菌のことが話題となった。彼が言うには雪腐病防除のために用いた農薬により、えぞ雷丸病菌が発生し、農薬の種類を変えた結果、本病は消滅したとのことだ。えぞ雷丸病菌は、今も細々と生きていると思う。最初の農薬により、雪腐病菌以外の微生物も影響を受け、この微生物によって抑えられていたえぞ雷丸病菌が活発に活動した。その後、農薬の種類が変わり、この微生物が再び復活し、えぞ雷丸病は人目につかなくなったのかもしれない。人が環境を変えることにより、思いもよらないことが起こる一例だ。

＊＊＊坂本さんのこと＊＊＊

２００４年に福岡市で開催された植物病理学会で、サハリン島と北海道の黒雪さんの遺伝的多様性を紹介した。発表が終わった後、パンチパーマを当てた髪型の強面の研究者から、声をかけられた。私の発表に問題はないはずだ。キョドった私に、彼は森林総研北海道支所で暗色雪腐病菌の研究をしていること、本菌の遺伝的多様性に関心があること、そして一緒に研究しないかと言ってきた。これが坂本泰明さんと私の出会いだ。それまでの私の雪腐人脈は、すべて師匠の紹介だった。師匠筋以外に初めて私の研究に興味をもってくれた人に出会って、とてもうれしかった。その後、北大の宮本敏澄さんや道林試の来田和人さんを紹介してもらい、暗色雪腐病菌の遺伝子解析や生理的な研究を進めていくこととなった。

ある日、宮本さんから電話があった。坂本さんが亡くなったそうだ。今後は、残された者で研究を進めていこうとのことだった。あまりに突然のことでとても動揺した。……あれからずいぶんと月日が流れたが、暗色雪腐病菌の謎はさっぱり解明できない。この菌のことを書いて、ふと彼の顔を思い出した。面倒くさいことに引っ張り込みやがって、と文句の一つも言ってやりたいし、私の愚痴も聞いてもらいたい。酒も飲みたい。この先、私の雪腐人生がどのくらいあるのかわからないが、彼の倍ぐらいの研究時間を過ごした私が、彼にまた会ったとき、いろいろ話ができるような雪腐ネタを増やしていきたい。今でも私の携帯には、彼の番号を残している。

＊＊＊

広い意味で菌類に含まれることがある変形菌にも、雪の下で活動する種類がいる。変形菌のキャッチフレーズに「地を這《は》い、空を飛ぶ」*25とあるが、人に請われ

＊25　松本淳・伊沢正名『粘菌——驚くべき生命力の謎』誠文堂新光社、2007。

て迷路を解く以外に、変形体は細胞壁のない裸の細胞なのに、寒さに負けない力をもったモノがいる。好雪種と呼ばれ、藍色に輝く子実体を形成するルリホコリ *Lamproderma* 属の種類が多い（写真2–8 A）。ルリホコリ属を中心に変形菌を研究する矢島由佳博士は、ヤマルリホコリ *Lamproderma echinosporum*（写真2–8 B）の子実体の中に、変形菌の胞子より小さなシスト（細胞が厚膜に覆われた耐久器官）のようなモノを見つけた（写真2–8 C〜E）。そこでこの子実体からDNAを抽出し、菌類の遺伝子の検出を試みると、なんとすごいものが釣れてきた。クリプトマイコータ Cryptomycota《隠れ菌類》（門レベルの菌類）だ。[*26] その名の通り、土壌や海水など環境からDNAを直接抽出すると見つかるが、もとはツボカビ類に含まれていたロゼラ *Rozella* 属菌を除き培養できた例がない、超レアな菌であることがわかった。

そんな菌が雪の下で活動し、変形菌（のアメーバ？　あるいは変形体？）に感染するのだ。それも殺すのではなく、ちゃんと子実体を形成させ、そこで自らの胞子もばら撒いている。と言うことは、クリプトマイコータの胞子が発芽し、変形菌に感染するような自由生活時代があるのだろうか？　あるいは胞子を食べた変形体内で感染するのだろうか。いやー、まだまだ雪と関わる菌は新たな発見に満ちている。

＊26　Yajima *et al.* 2013.

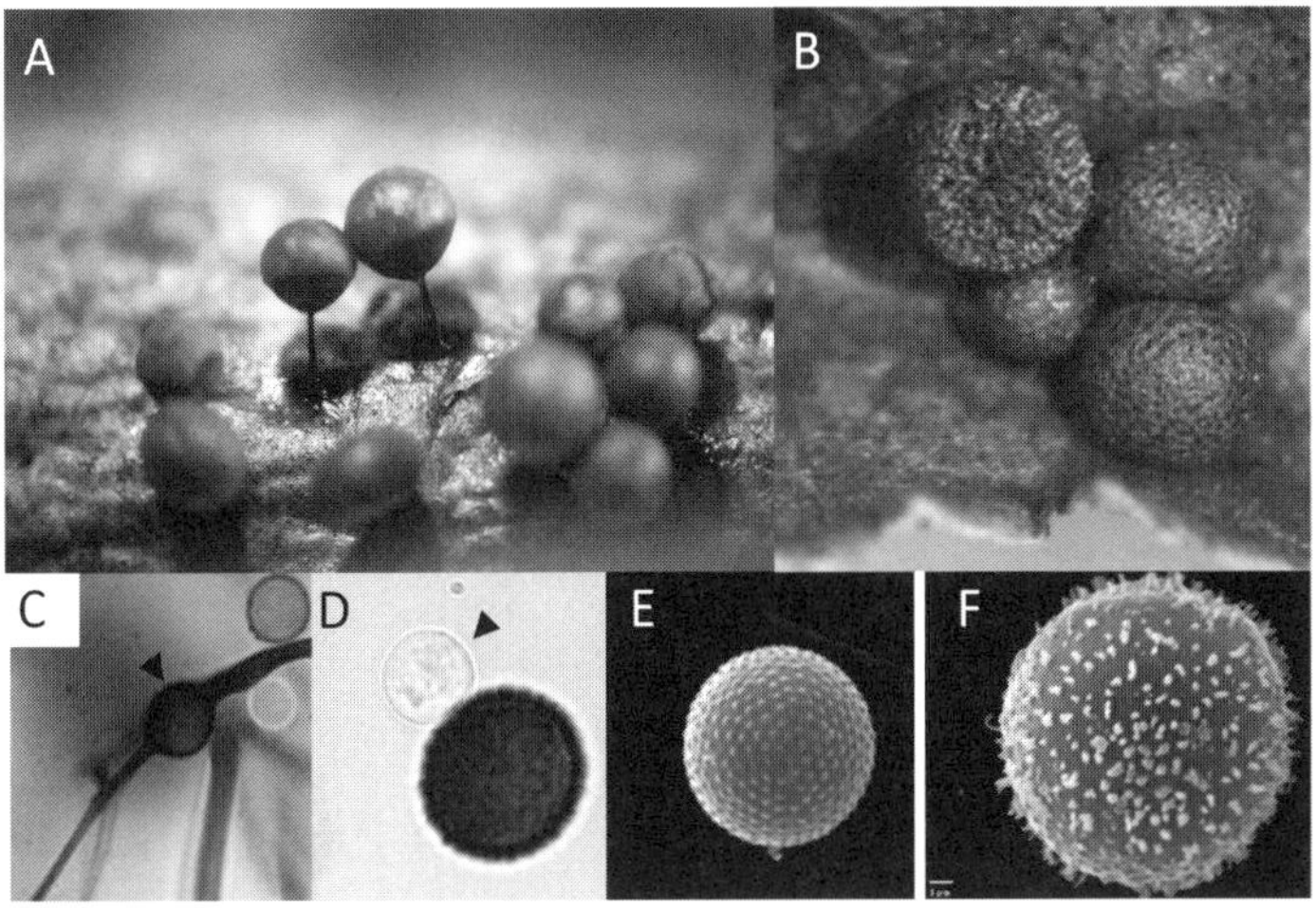

写真2-8 好雪性変形菌のルリホコリ属と、謎の菌。A：*Lamproderma meyerianum* の正常な子実体。B：正常に見えるヤマルリホコリ *Lamproderma echinosporum* の子実体。しかし、よく見ると左上の割れた子嚢の中に白い粒が見える。C：その子実体内部の細毛体（茶色い糸状の構造）の中に丸い何かが入っている。D：変形菌の胞子（色の濃いもの）の上に透明の丸い何かがいる。E、F：電子顕微鏡で観察すると明らかに両者の表面構造が異なっていた（E：謎の菌、F：変形菌の胞子）。
写真提供：矢島由佳博士。一部出典：Y. Yajima, S. Inaba, Y. Degawa, T. Hoshino & N. Kondo (2013) Ultrastructure of cyst-like fungal bodies in myxomycete fruiting bodies. *Karstenia* 53: 55-65.

うーむ。これ以外に雪腐病菌として大阪府立大の東條元昭さんの好きな卵菌（*Pythium iwayamai*、*Pythium padicum*、*Pythium okanoganense*、*Pythium kandovanense*[*27]等）がいるのだが、次章の極地菌類紹介に回ってもらおう。

*27 Bouket *et al.* 2015.

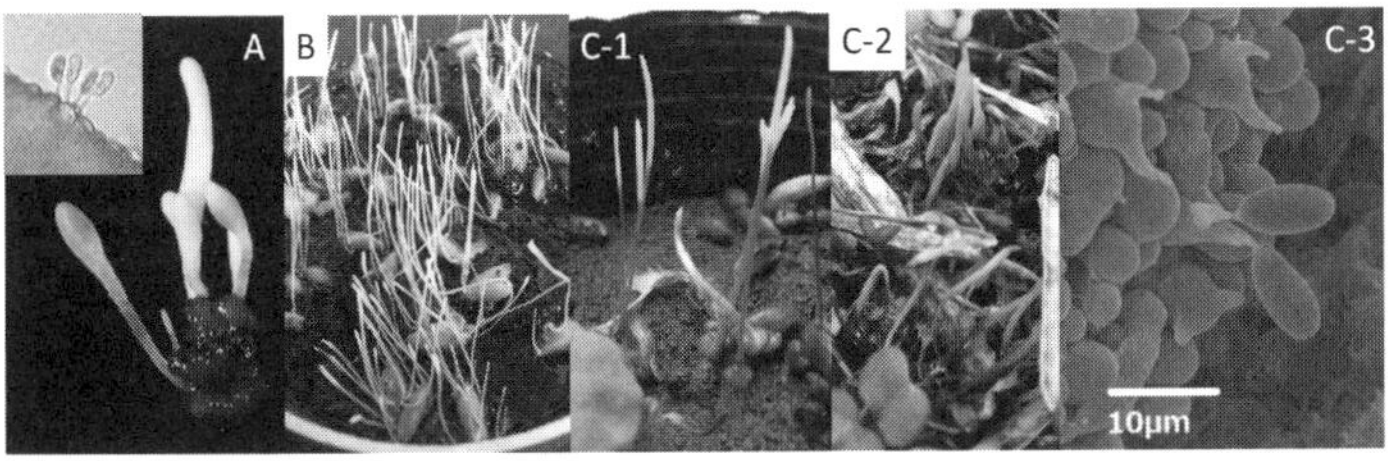

写真 2-9　シロガマノホタケのキノコと担子胞子。A：シベリア産イシカリガマノホタケのキノコと担子器。心が洗われるような純白が目にまぶしい。担子器は四胞子性だ。B：積雪下ニンジンに病害を示す雪腐厚膜小粒菌核病菌 *Typhula variabilis*。C：ほぼ同じ病害を示すシロガマノホタケ（C-2：キノコは古くなるとやや褐色を帯びる）。写真 B・C 提供：池田幸子博士。

写真 2-10　雪解けと共に現れる接合菌の菌糸。2018 年、札幌市内にて撮影。

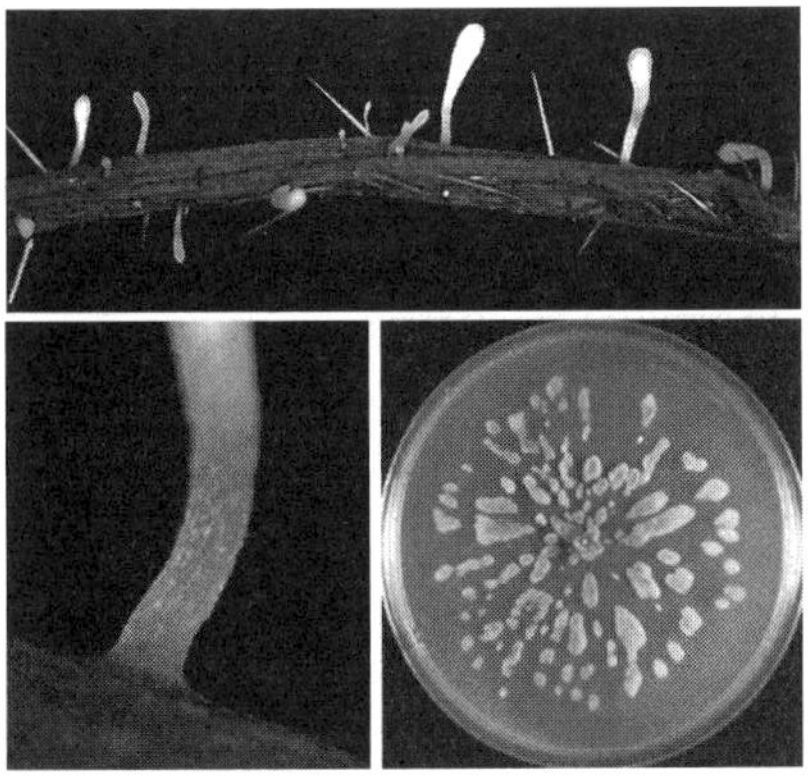

写真 2-11　フキガマノホタケモドキ *Pistillaria petasitis*（学名は Index Fungorum による）。北海道旭岳にて採集。上：フキから発生したキノコ（子実体。口絵も参照）。左下：柄（子実層との境目は目視では不明瞭）。右下：菌核（円盤形もしくは球形じゃない！　Corner 先生の本がなければ、これがガマノホタケモドキの菌核とは思わないなぁ。口絵も参照）

第 3 章
雪腐病菌の極地

【切手紹介】 これまでの扉絵を見てきた方々は、容易に予想がつくと思うが、仲睦まじいペンギンの後ろにある枯草（**左**：フォークランド、1991 年）やキバシガン（マガンの亜種、**中央**：アイルランド、1997 年）の背景の植生に濃淡を見ると、私は雪腐病菌の存在を激しく妄想して、購入ボタンをぽちっと押してしまう。

今回の切手紹介は両極（に近い地域）の鳥つながりで紹介したい。キバシガンはグリーンランドで繁殖し、北米やブリテン諸島などで越冬する。普通に考えると、これは（切手発行国の）アイルランドで羽を休めている姿と思うのだが、グリーンランドと言われても私は信じてしまうなぁ。牧畜によって高木《こうぼく》が見当たらない景色は北極の島々を想像させる。というわけで明らかな北極圏内としてソビエト（**右**：1989 年）を挙げておく。トナカイの足元の草にやはり濃淡がある！

雪腐病菌、北へ！

（このタイトルは、ウルトラっぽいフォントにしたい）

これまで私の拙い文章を読んでいただいた方々は、さまざまな微生物が雪の下で活動し、あまつさえ植物を枯らすモノがいて、これが雪腐病菌だとご存じだろう。雪の下で暗躍するのだから、雪腐病菌は北極から南極まで、世界中の積雪地域に広く分布すると思うかもしれない。だが基本的に目に見えない微生物の世界的な分布は、部分的にしかわからないことが多い。

テングタケ *Amanita**1 など大型のキノコは、目立つし、国によって好みの差はあっても、可食あるいは有毒など人の暮らしに関わるため、情報が多い。また、アイルランドの人口の2割が飢饉により死亡したジャガイモ疫病《えきびょう》菌 *Phytophthora infestans* のように過去の大発生の被害（これは、イギリスの利己的な政策的による側面もある）がマジ半端なく、ワンパンマンなら〝竜レベル〟の災害に認定される連中は、国際的に監視されている。雪腐病菌のような、病害でもどマイナーな連中

＊1　ベニテングタケなどフォントにもなっている。しかし、じっくり見るとデザイン化によって分類に重要な形質が変化・省略されたりして、別の種類に分類されるものも多い。

＊2-1　私の留学先の先生の先生、Kåre Årsvoll 博士の論文には、ノルウェー全土をカバーする多くの点が記されている（図3-1）。うん、これカッコいい。

＊2-2　以前にも記したが、国レベルでの菌類リストはありそうでなかなかない。積雪地の南限に近いイランは、菌学にかなり力を入れている。Djafar Ershad 博士（初めて会ったとき、自分の名前は、アラジンの悪役と同じと英語で言われて、すぐ理解できなかった）編集の Fungi of Iran 1版（1977）には、紅色雪腐病菌が掲載されている。今後、私たちが発見した赤柄さんや茶雪さんの存在も反映されるかもしれない。

の活動は、国ごとに専門家の有無やその情熱によって扱われ方がかなり違う。[*2] 人口密度も低く、そもそも（アラスカやスカンジナビア半島北部を除けば）農業をしてない北極圏では記録自体がないことも多い。

ガマノホタケ *Typhula* が種類によって活動温度が異なることは前章に記した。比較的高い温度でも活動可能な赤柄さん *T. phacorrhiza* は、温帯から南はレバノンとの記録がある（だから前回の切手紹介に持ってきたのだが……）が、調べてみると正確にはインド北部まで目撃されている。[*3] 茶雪さん *T. incarnata* は、やや上がってイタリア北部―イラン北部―徳島県！が南限で、[*4] 黒雪さん[*5] *T. ishikariensis* は、さらに北上し、スイス（高山なので、平地ならドイツ・ポーランドが実質的に欧州の南限だろう）―バイカル湖周辺―（中国吉林省：未確認情報）―三重県（御在所スキー場）となる。[*6] 雪腐厚膜小粒菌核病菌 *T. variabilis* は意外に記録が少なく（でもアイスランドから南下した大西洋のアゾレス諸島の記録がある：[*7] 写真を見るとリゾート地に違いない。是非行きたい・調査したい！）、シロガマノホタケ *T. japonica* に至っては、日本でしか報告されていないのでよくわからない。

では北限はと言うと、いずれの菌も北極圏（白夜の地域、北緯66度33分以北）ま

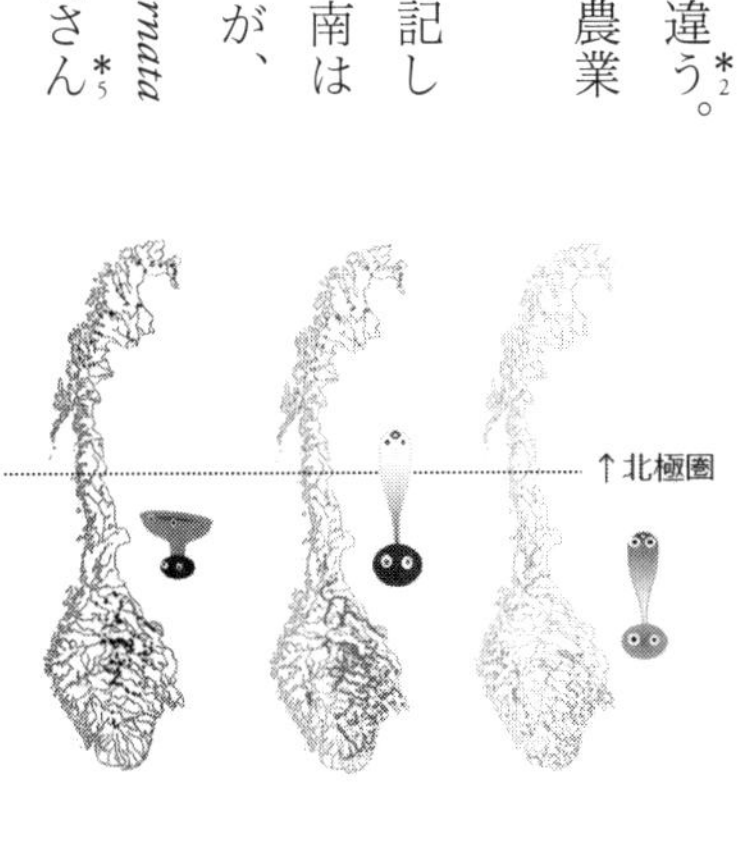

図3-1　1968～1971年にノルウェー各地で発生した雪腐病菌の分布図。左からボレアリス、中央：黒雪さん、右：茶雪さん。残念なことにノルウェーは、日本からするとあまりに遠く、図3-1のようなスカンジナビア半島全体図がないとイメージしにくい。プレゼンでこの図を紹介すると必ずどこ？と聞かれる。Kåre Årsvoll (1973) Winter damage in Norwegian grassland, 1968-1971. *Meldinger fra Norges Landbrukshøgskole* 52 (3): 1-21 を基に作成。

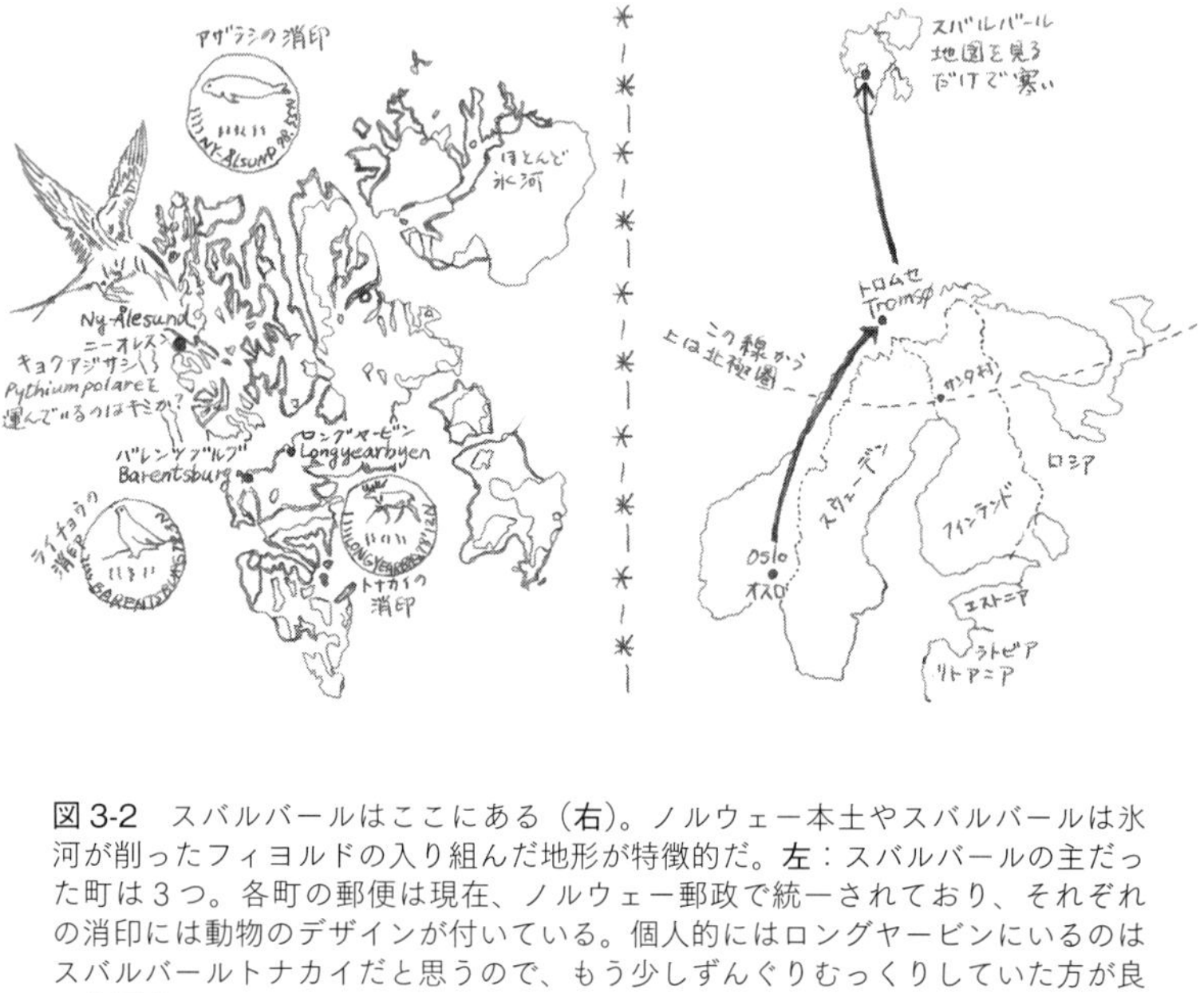

図 3-2　スバルバールはここにある（**右**）。ノルウェー本土やスバルバールは氷河が削ったフィヨルドの入り組んだ地形が特徴的だ。**左**：スバルバールの主だった町は3つ。各町の郵便は現在、ノルウェー郵政で統一されており、それぞれの消印には動物のデザインが付いている。個人的にはロングヤービンにいるのはスバルバールトナカイだと思うので、もう少しずんぐりむっくりしていた方が良いと思う。

＊3-1　「レバノン」で採集されたとされる赤柄さんの標本は、米国バーモント大学に保管されている（http://mycoportal.org/portal/collections/individual/index.php?occid=2392577&clid=0 参照 2019-05-31）のだが……ラベルをじっくり読むとベイルートの綴りが違う？　よく似た綴りの Bayreuth バイロイトならばドイツの町だ。採集者はドイツの植物学者 Felix von Thümen（1839-1892）だとするとその後の Bavariae は〝バイエルン王国の〟の意味だから、ちっ！　これドイツで採集された標本だよ⤵　レバノンはああ見えて（どう見えてよ？）、ベイルート郊外に本当にスキー場があるのだから、ガマノホタケたちがいても全然おかしくないところが残念だ。内戦も終わってずいぶんと経つから、酒なしでもいいから調査に行きたいなぁ。

で分布しているが、圧倒的に黒雪さんとボレアリス *Sclerotinia borealis* が多いと私は思う。やはり寒さ好きに有利な展開になっているのだろう。スバルバール (Svalbard)（図3-2）には黒雪さんに逢うために、20年前から通っている。ノルウェーの首都オスロ（Oslo）から、トロムセ（Tromsø）（もうここは北極圏）を経由してロングヤービン（Longyearbyen）からニーオルスン（Ny-Ålesund）に入る。昔の炭鉱は現在、北極観測の国際的な拠点になっている。

ここで黒雪さんを探したのだが、まったく見つからなかった。途方に暮れていても仕方がないのでほうぼう歩いてみると、雪解け後のコケが円形に枯れている！（写真3-2 B）しゃがみこんでじっくり見ると菌核はないが、ほんのりとコケの上に菌糸が見える（当時はまだ老眼ではなかった）。また、雪解け水の流れに沿って、コケが枯れている。早速、持ち帰って培養すると（ここからなんやかんやありまして）前章で省略した大阪府大の東條さん♡（ラブ）の卵菌類の *Pythium* 属（以降ピシュウムと略称する）であることがわかった。

は思う。

写真3-1　達筆すぎて採集地が読み間違って登録された *Typhula phacorrhiza* の標本ラベル

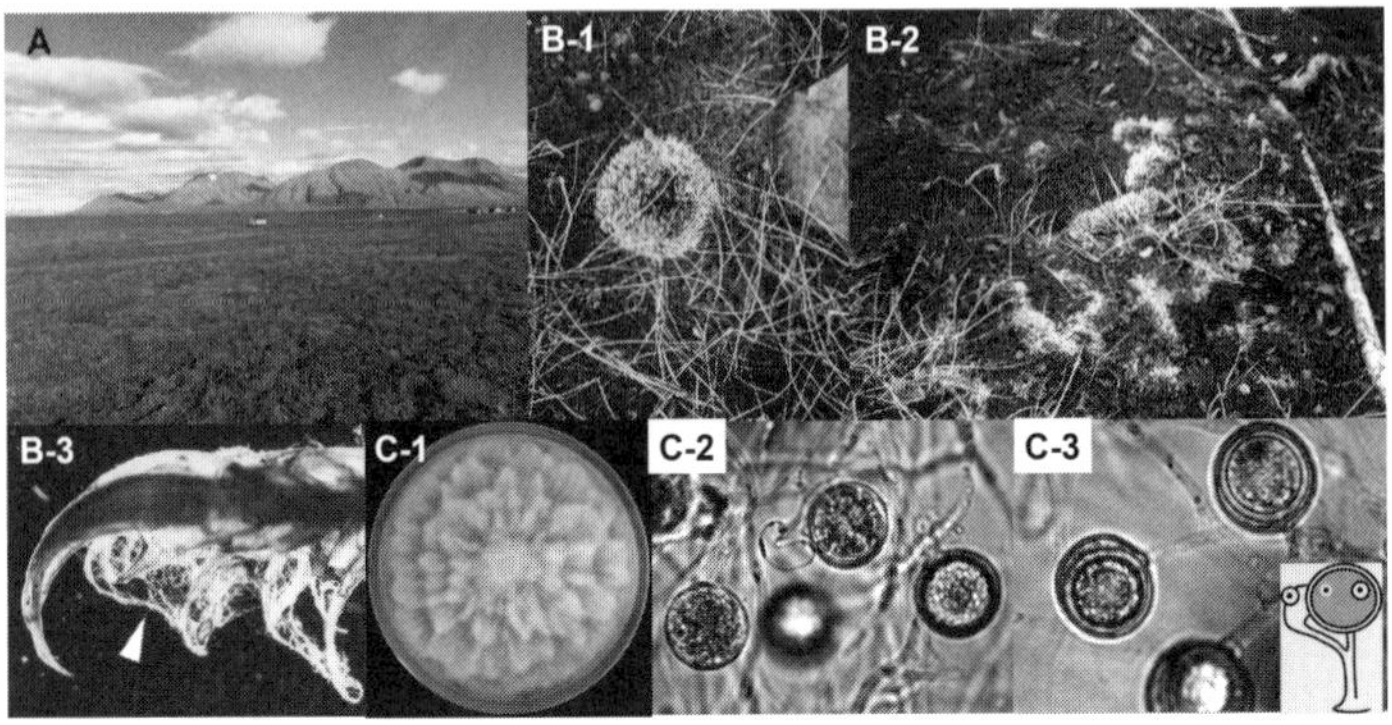

写真 3-2　スバルバールで出会ったピシュウムたち。A：ニーオルスンの景色。高木は見当たらないが、低木はある。地をはうようにヤナギとシラカバの仲間が生えている。この写真を見たら、切手紹介のキバシガンの背景に似ていることがわかっていただけるだろう。B：コケの病徴。ビギナーズラックなのだろう。最初に見つけたB-1とB-2の病徴が一番美しい。後日、国立極地研究所の神田啓史先生から、こんなのはなかなかないと褒められた。てへぺろが当時あれば、やっていたと思う。B-3の△はコケにまとわりつく菌糸。C：分離した菌株の様子。C-1 純粋培養したピシュウムのコロニーは、なぜか菌糸の波紋を描いている。ジョジョシリーズの"スタンド"特性は不明。さらに顕微鏡でのぞくと菌糸は白銀を帯びて極めて美しい。C-2 造卵器（中央球形のもの）、横にくっついたソーセージ状のモノは造精器。これにより有性生殖が行われる。C-3 成熟した卵胞子は目玉のようにみえる。妖怪目々連《もくもくれん》*10 のようだ。右端は図案化したピシュウム。ピシュウムの解説ごとに登場予定。

写真の一部出典：T. Hoshino, M. Tojo, H. Kanda, G. Okada, S. Ohgiya & K. Ishizaki（1999）A filamentous fungus, *Pythium ultimum* Trow var. *ultimum* isolated from moribund moss colonies from Svalbard, Northern islands of Norway. *Polar Bioscience*, 12: 68-75 より。

＊3-2　Khurana 1980.
Khurana 博士は、ガマノホタケ研究の第一人者、共著の論文もあることから、Berthier 博士と交流があり、この情報は信頼できると思うし、その気になれば標本を確認することができる。近年では菌類の標本や菌株から遺伝子配列を決定し、世界的なデータベースに登録していることも多い。
しかし、そこには少なくない間違った情報が存在している。その多くは、生物種の誤同定だ。莫大なデータに潜むノイズをどう除く／新たな発見をするかは、ユーザーの知識と経験に負うところがある。

＊4　イタリア：Titone *et al.* 2003. イラン：Hoshino *et al.* 2007：別ページにペルシャ語の要約が付いているのがカッコいい。徳島：田杉 1936。

＊5　雪腐病菌のキャラ設定を決めて、原稿を編集部に送付した後、何気なく検索したら「黒雪姫」ってラノベのキャラがあった！　まずいなぁ……真似したみたいだし(ﾟДﾟ)（そうだったのですか^^っと敏腕編集者（仮）からコメントがあったことも付しておく）。

ピシュウムは、いかにもカビのように見える（和名はフハイカビだ。もちろん、〝不敗〟ではなく、〝腐敗〟を意味する）。広い意味で彼らは菌類だが、狭い意味では菌類から外れる（卵菌や変形菌などをまとめて、偽《ぎ》菌類（さすがにニセとは言わない）と呼ぶが、個人的にはあんまりな呼称だと思うので、私はあまり使わない）。形態も異なる。ピシュウムの遊走子のべん毛は2本だ。1章に記したように菌類の形態的な特徴は、1本のべん毛だ。卵菌は、遺伝子からもオピストコンタではなく、言わば光合成をしない藻類（と言ってもここも多様すぎる[*11]のだが）となる。

はて、黒雪さんもボレアリスも、ニーオルスンやロングヤービンでは見つからない。スバルバールにはいないのだろうか？ ピシュウムはいるのだが……。その後も執念深く調査した結果、スバルバールでより温暖な場所、イース・フィヨルド（Isfjord）の先端にあるバレンツブルグ（Barentsburg）で待望の黒雪さんとついでにボレアリスに遭遇する（写真3-3上段）。ここはメキシコ湾流の恩恵をわずかばかり受け、他の地域よりも（相対的に）暖かい場所だ。

長年にわたって、極地での調査を共にした東條さんの記録から、この20年間で、

＊6 スイス：Schmidt 1976. ドイツ：Andres *et al.* 1987. ポーランド：Dynowska 1983. シベリア：Tkachenko *In*：Imai *et al.* (*eds.*) 2013. 日本など：Hoshino *et al.* 2009.

＊7 Dennis *et al.* 1977.

＊8-1 例えばスバルバールでは場所によって、黒雪さんとボレアリスに逢うことができる。Hoshino *et al.* 2003. グリーンランドではこれに加えて、1回だけ茶雪さんを見たことがある：Hoshino *et al.* 2006.

＊8-2 ところがロシアの若手？研究者（微妙な線だが、政治家並みに年々研究者の若手ラインが上がっている）のAnton Shiryaev博士は、スバルバールで茶雪さんや、赤柄さん、雪腐厚膜小粒菌核病菌まで見つけているのだ！ Shiryaev & Mukhin 2010. あのでかい図体とそれに見合った不遜な態度のどこに小さなキノコを見つける力があるのだろう。本当に人は見かけによらない。

＊9 北極圏でコケを枯らす菌類の報告は、これ以外にスバルバールとグリーンランドの間で、アイ

写真 3-3 スバルバール・バレンツブルグ（**上段**）とグリーンランド西部・シシミュウト（Sisimiut）（**下段**）の雪腐病菌。**左**：病徴。いずれの地でもほとんど農業をしていない（バレンツブルグにはグリーンハウスがあり、夏に乳牛を放牧？している）のに見事な病徴が広がっている。**中央**：黒雪さんの菌核。特にシシミュウトでは一握りの枯草から、菌・菌・菌・菌・菌・菌！と（冷えたビールで直ちに乾杯したいくらい）大量の菌核が付いている（雪腐病の被害を受ける農家がなく、言語も違うので大手を振って大漁大漁と連呼できる）。**右**：ボレアリスの菌核。スバルバールの右上に見える黒い小さな点は、別の子嚢菌。この菌が多いと不思議と雪腐病菌は少ない。
写真の一部出典：T. Hoshino, I. Saito, I. Yumoto & A. M. Tronsmo（2006）New findings of snow mold fungi from Greenland. Monographs on Greenland, *Bioscience* 56: 89-94 より。

スランドの北にあるヤン・メイエイン島（Wilson 1951）やカナダ北極圏のエルズミア島（Longton 1973）からも見つかっている。原因は必ずしもピシュウムだけでなく、クランプ構造をもった担子菌もいる。文献を調べる中で「おもしろい」と思ったのは、英国オックスフォード大探検部の報告書の中にスバルバールでのコケの病気に関する記述を見出したときだ（Ridley *et al.* 1979）。これがスバルバールでの初報告になる。必ずしも専門的でない記述でも、記録に残しておけば、専門家に再発見される可能性がある。京大や早稲田の探検部の報告にもさりげなく（一部の者にとっては）すごい発見が隠れているのだろうか？

＊10　目々連は、荒れ果てた家に現れる多数の目の妖怪。鳥山石燕の創作と考えられている（図3-5、章末参照）。

＊11　最近よく目にする「○×すぎる」って、大概は言い過ぎなので、もっと簡単に言い切ってしまえばよい。ただ、いわゆる「藻」の多様性は、真核生物ナンバーワンだ。専門外でも「藻類半端ねぇ！」と断言できる（と書いてあ

ボレアリスはスバルバールで着々と勢力を拡大していることがわかった。2000年まで黒雪さんとボレアリスは、いくら探してもバレンツブルグでしか見つからなかった。しかし、ボレアリスだけは、2007年にロングヤービンだけでなく、ニーオルスンにも進出していた。[*12] これは、近年ボレアリスがキノコを作り、胞子をばら撒いていることを意味している。アラスカ・フェアバンクスでは早く訪れる冬のため、ボレアリスがキノコを作らず菌核から直接菌糸を出すことが知られている。[*13] 気候変動により、スバルバールも、ボレアリスの活動により適した環境になっているようだ。一方、黒雪さんたちの胞子は遠くへは飛べないので、分布域がすぐに拡大しないと考える。

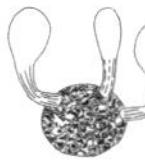

新たな雪腐病菌、極地にあらわる!?

温帯から北極圏まで地続きのためか、黒雪さんとボレアリスは広く分布している（細かく見るといずれの種の集団も地域によって遺伝的な違いがある）。また、ピシュ

るTシャツがあれば、私は購入する。残念だが「雪腐半端ねぇ！」と書かれたモノより研究者数が多いので、売れると思う）。

＊12　Hoshino *et al.* 2011.

＊13　McBeath 2002.

ウムも種は変わるが分布している。では北極圏だけに見られる雪腐病菌はいないのだろうか？

私は以前、グリーンランド西部のウパナビーク（Upernavik）で変わった菌核を採集した。なんと！　枯草の上に菌核が浮かんで見えた。枯草から直接柄が伸びて、その先端に菌核がある！　こんな菌核は（文献でも）見たことがない[*14]（写真3−4A）！　これは間違いなくだれも見たことのない新種だろうと思い、大事に大事に持ち帰った（帰りの飛行機でタダ酒を飲まなかったのは、このときだけだ）。どんな菌なんだキミは？とワクワクしながら培養した1カ月後、ある意味驚くべき結果が待っていた。普通の黒雪さんでしょ、キミは！　期待した柄がない！　むぅ……どうしてなんだ。さんざん頭をひねった挙句、これまで出会ったガマノホタケたちの生き方から気がついたことがある。

黒雪さんの菌核を低温室に放置しておくと、わずかな光に反応して発芽する。しかし、キノコを作るほどの光量ではないので柄に菌核を付ける（写真3−4B）。同じようなモノは、野外からも採集されていた。[*15]ウパナビークの菌核は、これに似ている。歌手、松山千春氏（「長い夜」は、学生時代の私の持ち歌だ）の出身地で

＊14　と思ったが、今になって思い返すとスナハマガマノホタケ（*T. maritima*）（写真3−5）の菌核は、長い菌糸束の先に菌核を生じる。融雪後、基質となるハマニンニクの葉が強い浜風になびくと菌糸束がちぎれて、菌核が砂浜に転がる仕掛けになっている。

＊15　Christen 1979.

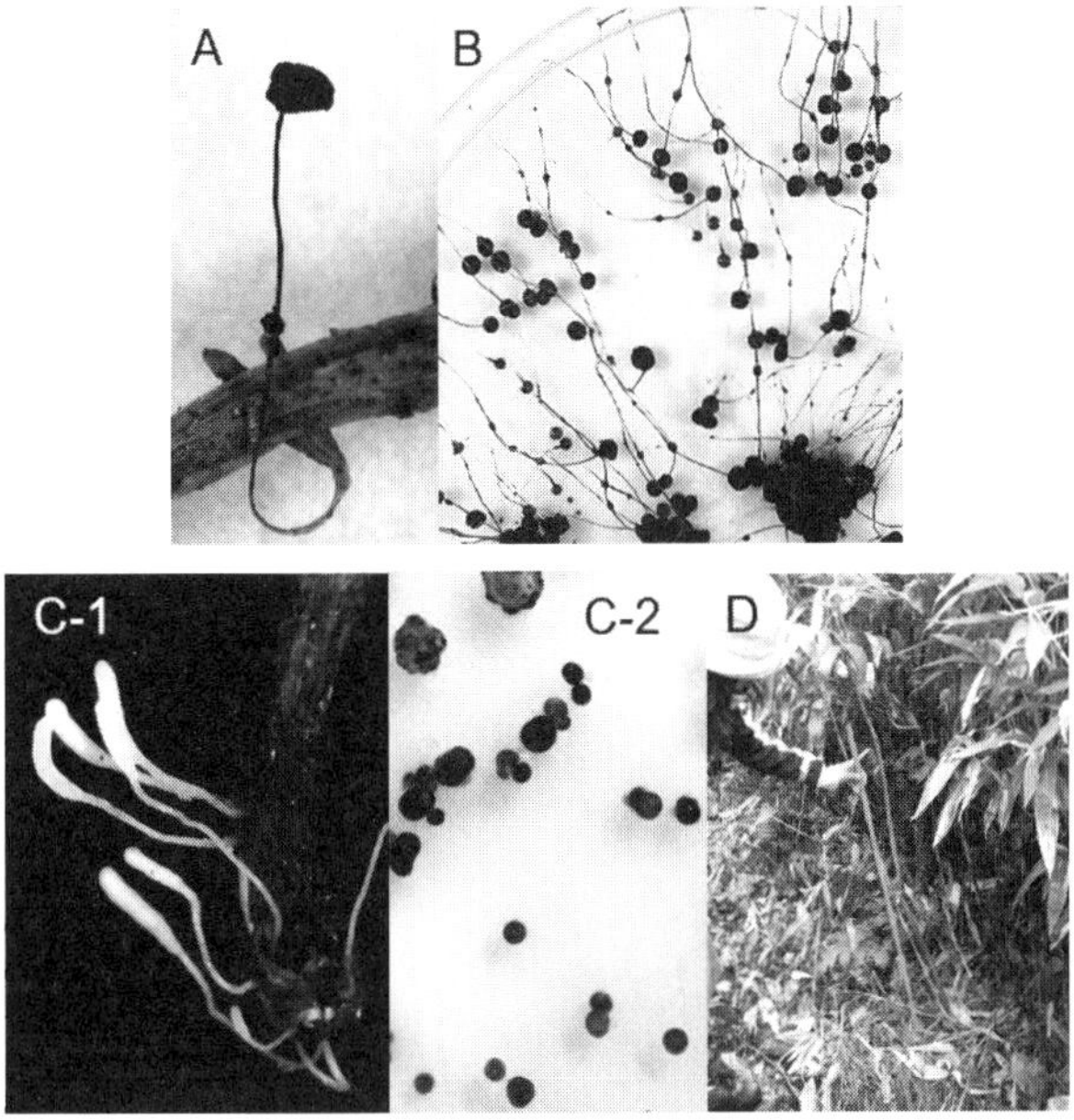

写真3-4　ガマノホタケの形態いろいろ。A：ウパナビークで見つけた「すごい」菌核。B：北海道産の黒雪さんでも飼っていると同じようなモノを作る。C：北海道足寄町の九大演習林にて採集したガマノホタケ。D：フキガマノホタケモドキは、秋が深まると地上80センチメートル（指先の位置）まで草を登る。

写真3-5　スナハマガマノホタケ。砂に埋まった菌核から長い砂まみれ菌糸束（柄とは構造が異なる）を延ばし、キノコを発生する。人工条件で培養すると三角で示す細長い別の菌糸束で植物に付着する。おそらくこれは容易に砂浜に戻るための仕組みで、グリーンランドの黒雪さんとは意味が違う。写真出典：T. Hoshino, S. Takehashi, M. Fujiwara & T. Kasuya（2009）*Typhula maritima*, a new species of *Typhula* collected from coastal dunes in Hokkaido, northern Japan. *Mycoscience* 50: 430-437.

ある足寄町で採集した名なしのガマノホタケは、広葉樹であるハリギリ落葉の葉柄から直接、キノコを出していた（写真3－4C）。はじめ、菌核を作らない菌なのかと思っていたら、培養するとちゃんと菌核を作った。また、秋が始まった頃、地際《じぎわ》に見られるフキガマノホタケモドキ *Pistillaria petasitis* のキノコは、秋が深まると発生場所が徐々に高くなっていった（写真3－4D）。

それぞれの菌の生育温度と発生場所の気温、これらを考慮した生活史を図3－3に示した。20℃以下でしか活動できない黒雪さんは、たしかに日本では菌核を作らないと夏を乗り切れないが、ずーっと北のグリーンランドならば、気温が低いので菌糸で十分生きていけるのである。そして日光を受けた菌糸からキノコの柄を直接出すかもしれない。やがて短い夏が終わり、雪に埋まって光が届かなくなり、柄の先端に菌核を付けたのではないか。

同じように他のガマノホタケたちも、それぞれの場所に合わせて柔軟に生きている。環境が合えば、菌糸から直接キノコを出し、胞子を飛ばして住処《すみか》を上下左右に広げている。菌核があったり、なかったりするガマノホタケモドキの生活圏は、私たちの生活とも意外に交差している。このためさまざまな観察結果がある

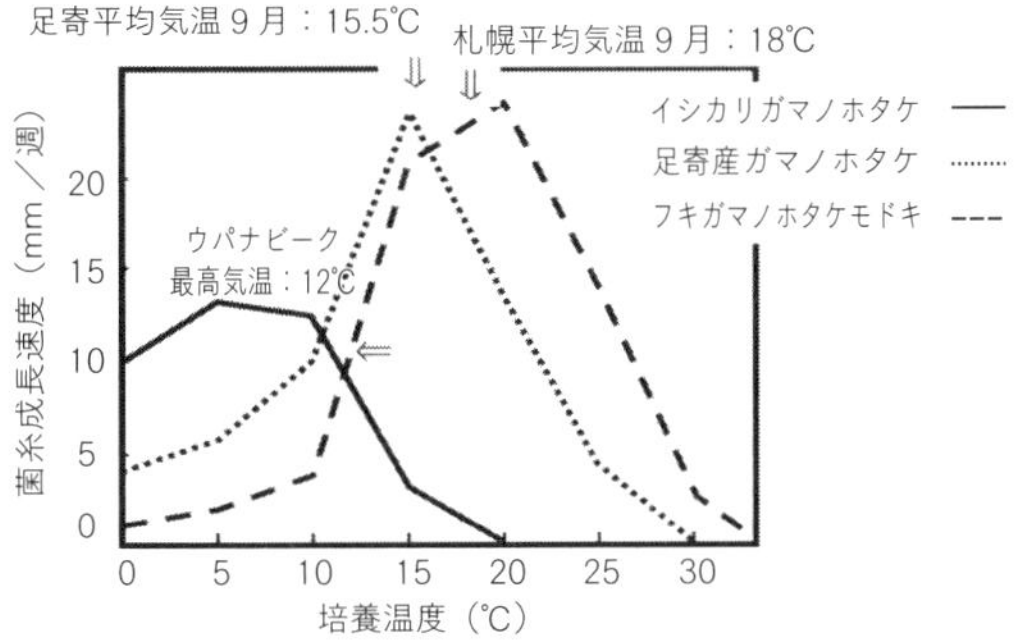

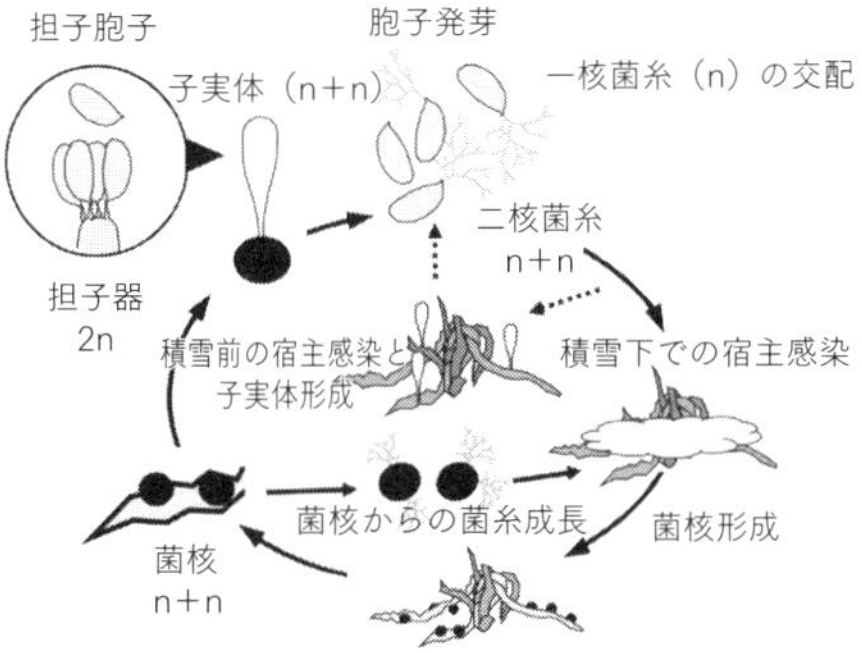

図 3-3　ガマノホタケの温度と生活史。上：採集地と成長温度。「⇒」は、ウパナピークの最高気温と私が北海道内で採集した時期の平均気温。　下：生息地を考慮した生活史。積雪前に菌糸が活動できる温度なら、菌糸は活動を続け、直接キノコを形成し、胞子を分散する。つまり、破線矢印で示す生き方ができる。こうなると１年で１歳年を取るのではなく、もっと早く世代交代していることになる。実際そうして生きているのだろうグリーンランドの黒雪さんには随分と変わったのがいる。

のだろう。

では北極圏には、独自の雪腐病菌はいないのだろうか？ 長い冬は、本来ならば夏場活動する菌を雪の下で活動するモノに進化させている。黒穂病菌に *Microbotryum bistortarum* という担子菌がいる。植物に感染すると、植物の種子で黒い胞子を作り、感染した植物をだめにする。実際、彼らはスバルバールで、日本では高山植物であるホザキシモツケに寄生する。*16 黒穂病は本来夏の病害なのだが、*17 スバルバールの夏は短く、花が咲き、実をつけるまでに何年もかかるため、黒穂病も感染から4〜5年かけて病気を起こす。つまり、スバルバールの黒穂病菌は、環境と宿主に合わせて雪腐病菌的な生き方をしている。

また *Trichoderma polysporum* はトリコデルマ一派《いっぱ》の子嚢菌で、シイタケとか他の菌類に寄生する（だから本属は、“菌界のいじめっコ”と一部で揶揄《やゆ》されている）。スバルバールで見つかったこの菌株は、コケに弱く寄生するだけでなく、同じ場所にいるピシュウムたちを弱らせる化学物質まで分泌する。*18 やるときは徹底的にやるタイプなのだろう。コケから見ると有能な用心棒だ。北極での少ない餌を巡る静

＊16 Tojo & Nishitani 2005.

＊17 なまぐさ黒穂病と呼ばれる小麦などの病害がある。黒穂になって実が駄目になるだけでなく、黒穂をつぶすと指が生臭くなる。うへ！ この病害を起こす担子菌 *Tilletia controversa* が積雪で感染し、融雪後、葉枯れを起こす雪腐病菌っぽい生き方をしている (Wilcoxson & Saari (eds.) 1996)。この情報は、北海道立総合研究機構上川農業試験場の新村昭憲さんからいただいた。これは、第5章でまた重要な働きをする。

＊18 Yamazaki *et al.* 2011; Kamao *et al.* 2016.

かな戦いの一端を、私たちに垣間見せてくれる。

雪腐病菌、南へ！

北極に雪腐病菌はいた。ではもう一方の極地、南極はと言うと（先にネタバレすると）、いるのだ！　温帯・寒帯の代表的な雪腐病菌であるピシュウムたち・ボレアリス、そして黒雪さん・茶雪さんは、北極にもいる（ピシュウムだけ種が同じ）。そして南極にも、ピシュウム・ボレアリスに似たキンカクビョウキン属の *Sclerotinia antarctica*[*19]、ガマノホタケである *T.* cf. *subvariabilis* が見つかっている[*20]（表3–1）。つまり同じニッチ（「暮らしぶり」の生態学用語）を同じ属で占めている。遠くの親戚も意外に似たような方法で生計を立てているようだ。

ピシュウム *P. polare* は、両極に同じ種が分布している。両極分布と呼ばれるが、コケの病原菌を研究する人口は少ない。主な宿主であるカギハイゴケ *Sanionia*

＊19　Gamundi & Spinedi 1987.
＊20　Yajima *et al.* 2017.

表 3-1　温帯から極地に見られる雪腐病菌たち

菌類のグループ	温帯・寒帯	北極	南極
卵菌	*Pythium iwayamai* *P. padicum* *P. okanoganense* など	*P. polare*	*P. polare*
接合菌	なし	なし	*Rhizopus* sp.
子嚢菌	*Microdochium nivale* *Sclerotinia borealis* *S. nivalis*　など	主に *S. borealis* *Trichoderma polysporum*	*M. nivale*　? *S. antarctica* *Thyronectria antarctica* var. *hyperantarctica* *Coleroa turfosorum* *Bryosphaeria megaspore* *Epibryon chorisodontii*
担子菌	*Coprinus psychromorbidus* *Typhula incarnata* *T. ishikariensis*	主に *T. ishikariensis* まれに *T. incarnata* *Microbotryum bistortarum*	*T.* cf. *subvariabilis*

灰色の背景で示された菌は、温帯・寒帯から極地まで属レベルで共通の菌が存在するもの。

下線の菌は、宿主に合わせて極地で特殊化したもの。

二重下線の菌は、南極のみで存在が知られているもの。

uncinata は、ハイマツの下など温帯の高山帯に分布している。じっくり調べれば両極以外にもいるのではないか?と個人的には考えている。だれか登山の好きな研究者で担当していただけないでしょうか。本当に両極分布しているのなら、渡り鳥のキョクアジサシとかが運んでいるのか? 疑問は尽きない。[*21] また、ボレアリスの専門家である斉藤泉さんの言によると、南極半島(大陸をフライパンに例えると持ち手の部分)でナンキョクコメススキなどにつく *S. antarctica* はかなりボレアリスに形態が似ている。ボレアリスの胞子は赤道を越えたことがあるのだろうか? 性質も似ているのか、いずれ検討してみたい(ボレアリスの性質については次章で紹介する)。

南極にも雪腐病を起こすガマノホタケがいる(図3-4)。私が初めて見たこの病害は、南極半島の先にあるキング・ジョージ島のスギゴケを枯らすクランプ構造をもった菌糸だった。担子菌だが菌核はなく、見た目ではなんだかわからなかった(図3-4B)。

残念ながらその場で培養はできず、標本の遺伝子解析を行って、ガクブルした。それは、ガマノホタケだったのだ。それもアラスカ大フェアバンクス校、Gary A. Laursen 教授がオーストラリア南極領マッコーリー島で採集し、なぜか私にくれ

＊21 広島大の長沼毅さんの好きなバース＝ベッキングの仮説"Everything is everywhere, but the environment selected"(どんなものでも、どこにでも。しかし、環境が選択する)は、細菌や菌類でもいわゆるカビのような耐久性の高い胞子や細胞をもつものに有効な理論だと思う。多くの担子菌キノコの胞子は、おそらく地球一周できるほど丈夫ではない。この仮説については長沼毅『生物圏の形而上学——宇宙・ヒト・微生物』(青土社、2017)に記されている。また、ここには世界一大きな細菌の解説もある。

たガマノホタケの標本と１００％一致した（図３–４Ｃ）。

また、よく似た菌は、イランやウズベキスタンのガマノホタケだった。イランでの調査記録を見返すと、融雪直後の病徴は菌核がなく（図３–４Ｄ–１）、時間が経ってから形成するように見える（図３–４Ｄ–２）。イランのガマノホタケは、赤柄さんより南に分布しているかもしれない。そこからならば、南極にたどり着けるのだろうか？　少なくとも融雪後に菌核を形成できるほど、高温で活動できるイランのガマノホタケの性質は、南半球への移動に多少は有利だろう。他の気候帯の地域と陸続きでない南極に、雪腐病菌たちがそう簡単に行けるとは思えない。[*22] これら北半球と共通の雪腐病菌たちは、比較的暖かい南極半島と大陸周辺の島々のみに見られる。やはり、南極大陸は十分に遠く、寒いため、大陸では独自の進化が見られる。

北極の黒穂病菌やトリコデルマのように、新たにコケの病原菌になった子嚢菌（*Thyronectria antarctica var. hyperantarctica*、*Coleroa turfosorum*、*Bryosphaeria megaspore*、*Epibryon chorisodontii*）が南極では多い。[*23] この中で特筆すべきは、コケを枯らす接合菌だ。[*24] 世界広しと言えど、コケを枯らす雪腐病菌のような生き方をしている接合菌は、ロス島で採集されたクモノスカビの ***Rhizopus* sp.** だけだ。

＊22　北半球で針葉樹に感染する子嚢菌類の雪腐病菌 *Herpotrichia juniperi* は、北極圏スバルバールでも（Ali *et al.* 2013）、南極圏キング・ジョージ島（Rosa *et al.* 2010）からも分離されている。また、この菌の遺伝子だけならば、南極大陸のロシア・ノボラザレフスカヤ基地周辺の土壌からも見つかっている（Kochkina *et al.* 2014）。また、紅色雪腐病菌 *Microdochium nivale* が、キング・ジョージ島の湖水！から分離されている（Gonçalves *et al.* 2012）。いずれも広温性の性質をもつ。黒雪さんやボレアリスのような低温スペシャリストではないことが重要なのだろうか？　とても興味深い。

＊23　Hawksworth 1973; Fenton 1983. 特に前掲の Longton 1973 では、野外で採集・分離した菌株を野外で健全なコケに接種し！、その病原性を確認する一発勝負がすごい。論文にまとめた際には、実験条件や実施数などいろいろと指摘されることは多いと思うが、フィールドができる研究者ならではの発想と感心した。

＊24–1　Greenfield 1983. この

図3-4　南極とイランのガマノホタケ。A：調査地点。●：キング・ジョージ島、○：マッコーリー島、極小の点は日本の南極観測拠点、★印は南極点。産総研極地倶楽部（職場の元南極観測隊とその周囲の巻き込まれ系極地好きが結成した非公式結社）のワッペンをもとに作成。作成：S村N美（同倶楽部）隊員。B：キング・ジョージ島のスギゴケに発生した病徴。融雪後も菌核が見えない。C：マッコーリー島にて発生したガマノホタケのキノコ。D：イラン北部で見られるガマノホタケによる雪腐病。小麦の病害には融雪直後、菌核は見えない（D-1）。融雪後しばらく経過した地点では、菌糸の塊が見える。これらは菌核に成長すると思われる（D-2）。

短い報告に少しだけ触れている*Rhizopus* sp. の詳細は不明だ。学会でクライストチャーチに訪問した際、思い切ってGreenfield教授のもとを訪問してお話を伺ったことがある。菌株も標本も残っていないことに落胆する私に対して、彼はどうしてそんなにこの菌を気にするのかを聞いた。私は、世界で初めての接合菌の雪腐病の報告であり、この菌は南極で独自に進化を遂げた菌だと思うと話すと、彼は、それは残念だと軽く言った。そして「研究者それぞれに独自の視点があり、それを伸ばすことが重要だから、あなた（星野）が再度分離して調べ直したらいい」と助言してくれた。ただ南極は遠いのだ。特に海外の基地となるとなあ……。

＊24-2　同じように新たな場所で特殊化した菌にインドネシア、ジャワ島西部の標高1300～1425メートルのチボダス植物園で採集された接合菌、*Rhizopodopsis javaensis* がいる（Boedijn 1958）。一属一種のこの菌は、熱帯に分布する低温を好む菌だ。再発見した茨城大の高島勇介・筑波大の出川洋介両博士よれば、分離した菌株を低地（標高300メートル）のボゴール植物園に運んで詳細な観

これらの記録を眺めると、気流・海流で他の大陸と分断された南極にたどり着いた菌類が、寒さと少ない食糧の下で独自に雪腐病菌に進化していったと考えられる。世界には知られざる雪腐病菌がまだいるだろう。*25

図 3-5　*Pythium polare* と妖怪目々連。左上は *P. polare* の遊走子嚢、左下は卵胞子。M. Tojo, P. Van West, T. Hoshino, K. Kida, H. Fujii, A. Hakoda, Y. Kawaguchi, H. A. Mühlhauser, A. H. Van Den Berg, F. C. Küpper, M. L. Herrero, S. S. Klemsdal, A. M. Tronsmo & H. Kanda (2012) Pythium polare, a new heterothallic oomycete causing brown discolouration of Sanionia uncinata in the Arctic and Antarctic. Fungal Biol. 116: 756-768. 右：国会図書館デジタルコレクション－『百鬼夜行拾遺 3巻』より。

察をしようとしたら、気温が高く菌糸がいじけてしまったと伺った。他の菌が活動できない低温に活路を見出し、下山は眼中にないらしい。すごいなあこういう菌は！　再発見の件は、高島 2016 に記されている。

*25　自分で書いていてなんだが、こういう訳知り顔の記述は、後日人を困惑させる素《もと》になる。日本を代表する菌学者である小林義雄先生は、日本の極地微生物学のパイオニアの一人でもある。先生の記した『菌類の世界――驚異の生命力と生態を見る』（講談社、1975）には「ビクトリアランド（筆者注：南極大陸の地名）のコケのクッションの上をよく調査すれば小型のチャワンタケ類は、発見できると私は確信している。未発表であるがロッス島（筆者注：南極大陸ロス海の島、大陸性南極の気候でめっちゃ寒いと思うに）で未熟なキノコを採っている。これがキノコの最南記録である」（傍点筆者）とあるが、その後の論文がない……結構探したけどないと思う。うーん、こうなると残された者たちが思い悩んで、困るのです。
　じゃあお前の思わせぶりは、なんなのよ？　と聞かれると一応、

写真3-6　カナダのギリ北極圏、Whapmagoostui-Kuujuarapikで見つけた菌核。左上：ハドソン湾の内側の集落のため乾燥した大陸性の気候だ。写真奥は海ではなく、河（Great Whale River）だ。右上：集落を少し離れると氷河が削り取った岩が積み重なったモレーンがある。左下：雪腐が出そうな湿った場所はあまりない。数少ない場所が川辺で、川岸にはハマニンニクのようなイネ科の植物とハマエンドウが混在している。右下：前年のハマエンドウはかなり枯れていて、茶色や黒の細かい点が付いている。ルーペで見るとこれは菌核だ！

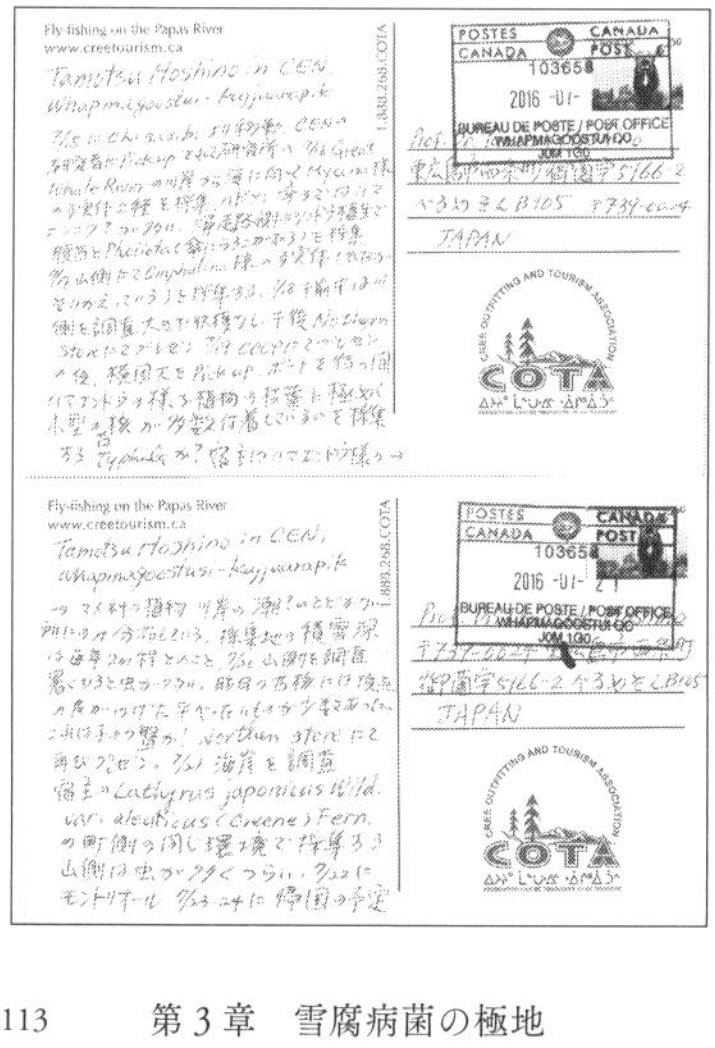

写真3-7　野帳も書くが、これを失くして（日常の生活に忙殺されて）すべて忘れてしまうのが嫌で、おもしろいことがあったら自分宛てに絵葉書を送っている。このときはあまりに興奮したのか2枚に渡って記述している（ちなみに、この住所に今は住んでいないので、菌核・ファンレター・現金・日持ちのする美味しいものは勤務先に、苦情・勧誘・悩み相談など長くなる話題は春秋社編集部気付で送ってください）。この菌核、何だろうと思って遺伝子解析したら、あの、胞子を2個しか付けないシロガマノホタケ *T. japonica* にもっとも近い菌だった。これは誰も知らない菌の予感がする。

新たな雪腐病菌らしい候補がいます（写真3－6参照）。

第 4 章

寒さ好きの菌類たちは、いかに雪腐病菌になったか

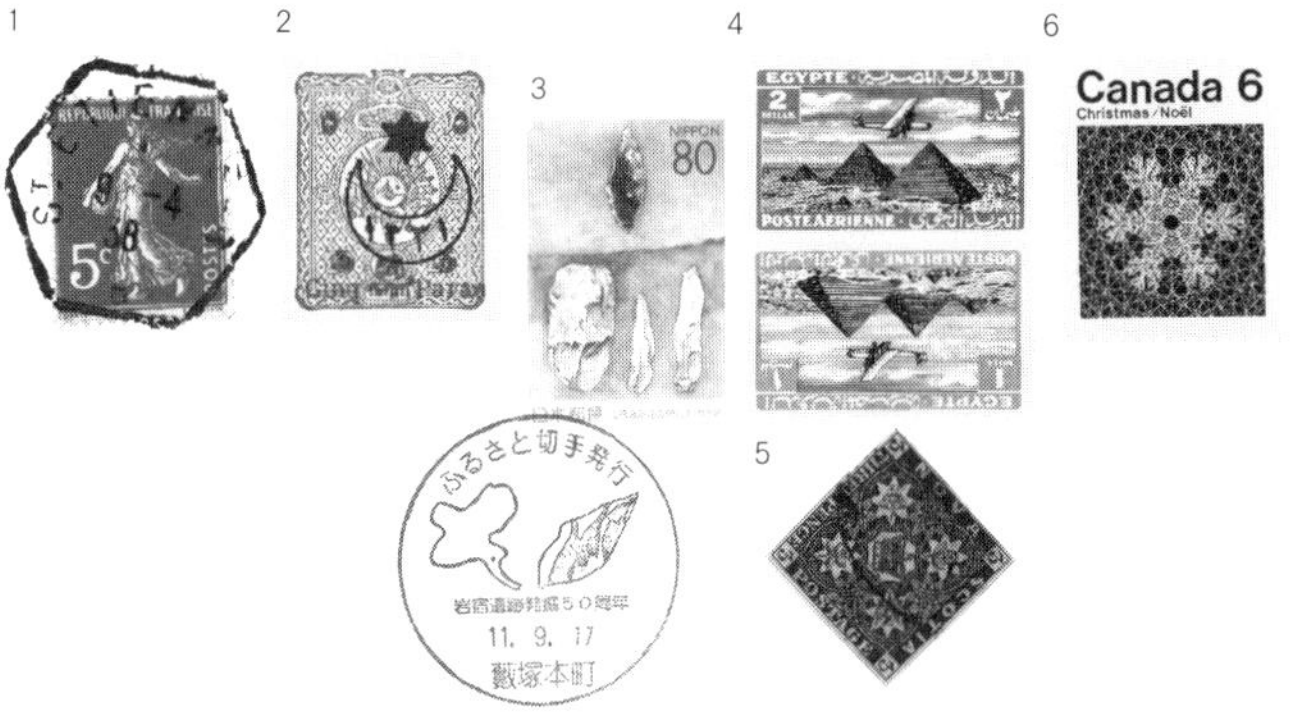

【切手紹介】 今回は、菌類の不凍タンパク質の効果を、シャキッと郵趣で表したい！（どちらもマニアックすぎて、双方わかる人を私は１人しか思いつかない）。実際の氷結晶は、本文中で見てもらうとして、氷の表面に張り付く不凍タンパク質の濃度が薄い場合、氷は 1 の消印（フランス、1938 年 4 月 9 日）のような六角形になり、少し濃くなると、2（オスマン帝国、1915 年）の加刷《オーバープリント》にあるような星型になる。濃くなると 3 の打製石器（群馬県、1999 年）のような形状となり、4 のピラミッドを底面で合わせた形（エジプト、1933 ～ 38 年）と称される。菌類の不凍タンパク質の場合、5（ノバスコシア、1851 年）のように表面がざらついている。さらに濃くすれば、氷の形は変化せず、ある温度以下で雪の結晶のように急速に凍結する（6 カナダ、1971 年）。

ところで、回を追うごとに紹介する切手の数が増えているのは、なぜだろう。

本章では、雪腐病菌はどのように生まれたのか？　そして雪の下で生きる彼らならではのマジ半端ない能力を、今まさにそのへんの電柱の陰に隠れて見てきたように、語りたい。

雪の下の世界／季節限定の極限環境

雪の下で生活する人は少ない（毎年、積雪によって埋もれていく南極・ドームふじ基地などで観測する隊員がいることを考えるとゼロじゃない）のでイメージしにくいが、雪の下は暗くて寒い（これは比較的わかりやすい）。そして雪腐病菌のいるような温帯や寒帯の雪の下の多くは、湿っていて、実は安定している。雪の下が湿っているのは、太陽の熱以外に、地熱によって雪が徐々に地表から溶かされていくからだ。そして積雪が50センチを超えると、雪の断熱効果で外気が冷凍庫なみの温度

(マイナス20℃とか)[*1]となっても、ほぼ寒さは伝わらず、土は凍らない。まさに雪のふとんの例え通りだ。こんな世界に雪腐病菌は生きている。

だから積雪が少ないあるいは、積雪前に気温が下がって土が凍ると、彼らにとって困ったことになる。生き物はすべからく生きるために液体の水を必要とする。これが凍って固体になると利用できなくなる。また、氷が体積を増し大きくなることで、菌糸を圧迫して、押しつぶすかもしれない。だから菌たちは、さまざまな手段を駆使して、凍った世界を生き抜いている。

こんなところに餌になるものがあるかと言うと、あります。雪に閉じ込められた世界にも、落葉や越冬する植物など菌類の餌となるさまざまな有機物がある。しかし、大多数の生物は活動が抑えられている[*2]ので、餌が増えることもあまりない(雪の下で活動する生き物たちが喰い、喰われることはある)。第2章でちょっとふれたが、ほとんどの雪の下の世界は季節限定の極限環境だ。両極を除けば、雪がとけると春になる。[*3]そして夏・秋と季節が巡る。だから雪の下で活動する菌たちは、何らかの形で雪のない世界を生き延びるすべをもっている。黒雪さん *Typhula ishikariensis* たちやボレアリス *Sclerotinia borealis* は菌核という耐久性のある組織で、紅色雪腐病菌 *Microdochium nivale* たちは幅広い温度域で活動できる性質

*1 日本の観測史上最低気温は旭川のマイナス41℃とされている。また、今は日本領ではないので(意図的に?)外されているが、1908年に南樺太の落合(現在のDolinsk)でマイナス45・5℃を記録している(島崎昭典編『樺太気象台沿革誌』島崎昭典、2000)。

*2 雪腐病菌がいるように、氷点下でも活動する微生物は多い。Panikov & Sizovaの論文によれば、マイナス80℃でも微生物の活動が認められる(2007)。

*3 これに近いフレーズを、私は少女漫画から知ったのだが、初等教育分野では波紋を生じたらしい。

をもつことで、夏を乗り切っている。[*4]

第1章で取り上げた生命の歴史の中で紹介した「すべての生物の共通のご先祖様」は、現在何らかの好熱性微生物だろうと推定されている。[*5] 現生の菌類の多くは、古生代石炭紀（3億2000万年〜2億8600万年前）には登場していた。[*6] 現在の気候帯は、白亜紀（1億4500万年〜6600万年前）には存在し、植物もこの時期に低温に適応したと考えられている。[*7] おそらく低温性の菌類もこの時期に進化したのだろう（植物学者に比較すると圧倒的に菌類学者の数は少なく、そこまで手が回らないので推測だ）。高熱がもっとも歴史のある極限環境だとすれば、低温はもっとも新しい、極限環境のニューウェーブだ（でも1億年くらい経過している）。[*8]

雪腐病菌、爆誕！

雪の下で活動するためには、氷点下に近い温度に耐えるだけではなく、積極的に新陳代謝して、成長できないといけない。菌類に根性があるかだれも知らない

＊4　と書いたところで、ガマノホタケ菌核の生き残りに、無雪期間の影響があるか調べてみたのだが、論文など公開情報はないようだ。

＊5-1　DNAをもつ好冷性・常温性の微生物も存在したが、小惑星の衝突などによる高熱環境に生き残ることができたのは好熱性の微生物のみと推定する、まさにSF的展開だ（黒岩常祥他『極限環境生物学』現代生物科学入門10、岩波書店、2010）。

＊5-2　逆に地球全体がほぼ凍結したイベント（全球凍結）も知られている。この際も火山周辺が生物の避難地になったと考えられている（田近 2007）。こう考えると好熱性微生物が選択的に生き残るチャンスは高いと思われる。

＊5-3　この壊滅的な高熱環境前に存在したと推定される好冷性生物は、現在のガマノホタケたちとは違った生き方をしていたのだと思うが、全く想像できない。

＊6-1　Taylor *et al.* 1994. 具体的にガマノホタケたちがこの頃から活動していたかはわからない。

＊6-2　黒雪さんたちの活動の軌跡は、もっとずっと時代が下っ

が、何事も根性で打開できると私は思わない。細胞の新陳代謝には、多数の酵素（機能をもつタンパク質）が関わっている。酵素は、化学反応を進行させる触媒だ。化学反応なのだから、温度が下がると反応速度は遅くなる。そして反応できない低温になると、細胞は死んでしまう。だから雪腐病菌など低温に生きる菌類は、温度が低下しても機能する酵素を備えている。*9

今を生きる生物の細胞*10はすべて、脂質でできた〝膜〟、細胞膜で外界と隔てられている。このため生物は細胞膜を通じて細胞の外、環境で起こるさまざまな変化を感じている。

細胞膜を構成する脂質は、バターやオリーブオイルと同じ油脂の仲間（細かく見れば化学形は異なる）だ。冷蔵庫（4℃）に入れたバターが固まるように、常温を生きる生物の細胞膜も固まり、外部の変化を感知できずフリーズする（そして、やがて死に至る……怖っ）。このため低温に適応した生物は、細胞膜をエクストラバージンオイル（個人的には魔法少女の最大呪文発動！みたいな節をつけて、心の中で↑ここ重要、読み上げてほしい）のように冷蔵庫でも固まらない油脂に作り変えている。驚くべきことにこの戦略は、細菌から動植物までほぼすべての生物で採用されている。

て、4000〜400年前のアイヌ集落の遺跡から発見されている（Matsumoto *et al.* 2010）。

＊6-3　ジュラシックパークで有名な琥珀に閉じ込められた化石には、キノコに小さなマラカス状の *Paleoclavaria* 属（直訳すると〝古っシロソウメンタケ〟）がある。形態的にはガマノホタケに似てなくもないが、木の洞などの樹皮に発生し、ここに樹脂が溜まって琥珀になったと思われている（Poinar & Brown 2003）。

＊6-4　木の洞に発生するガマノホタケを私は知らないが、樹皮の内側に発生するものなら会ったことがある（写真4-1）。

＊7-1　酒井昭『植物の分布と環境適応——熱帯から極地・砂漠へ』朝倉書店、1995。

＊7-2　酒井昭先生は、植物耐寒性の父（by 佐藤利幸先生・上村松生先生）として知られている。晩年、先生は、途上国の若手研究者と協力して熱帯植物の組織・細胞保存の研究に取り組まれていた。基礎的な研究を出発点として、多くの人たちに求められる技術に関わる姿勢は、工学部に席を置く生物学者として目指したい道だ。

また、パルプ廃液を餌として培養され、家畜飼料に利用されていたトルラ酵母 *Cyberlindnera jadinii* では培養温度の低下によって、細胞が大きくなり、これは多くの真核単細胞微生物に見られるとの記述がある（ベルクマンの法則の微生物版？）。[*11] ただしこの論文は文章だけで、実際のデータの記載が不十分だと判断したのでで事実か疑っていた。しかし、私が論文のためにさまざまな場所で採集した黒雪さんたちの胞子サイズを整理したところ、グリーンランドで採集した子たちの胞子はたしかにでかいのだ！[*12]。これは今後、詳しく検討する価値があるだろう。

菌類は永久凍土に一様に分布しているのではない。落葉や枯枝などは、植物が死んでもセルロースなどでできた細胞壁の殻が残る。ミクロの目でこれを見ると、小さな部屋（まさにセルだ）に分かれていて、その小部屋に入った水は、それぞれ凍りにくい。ツンドラの

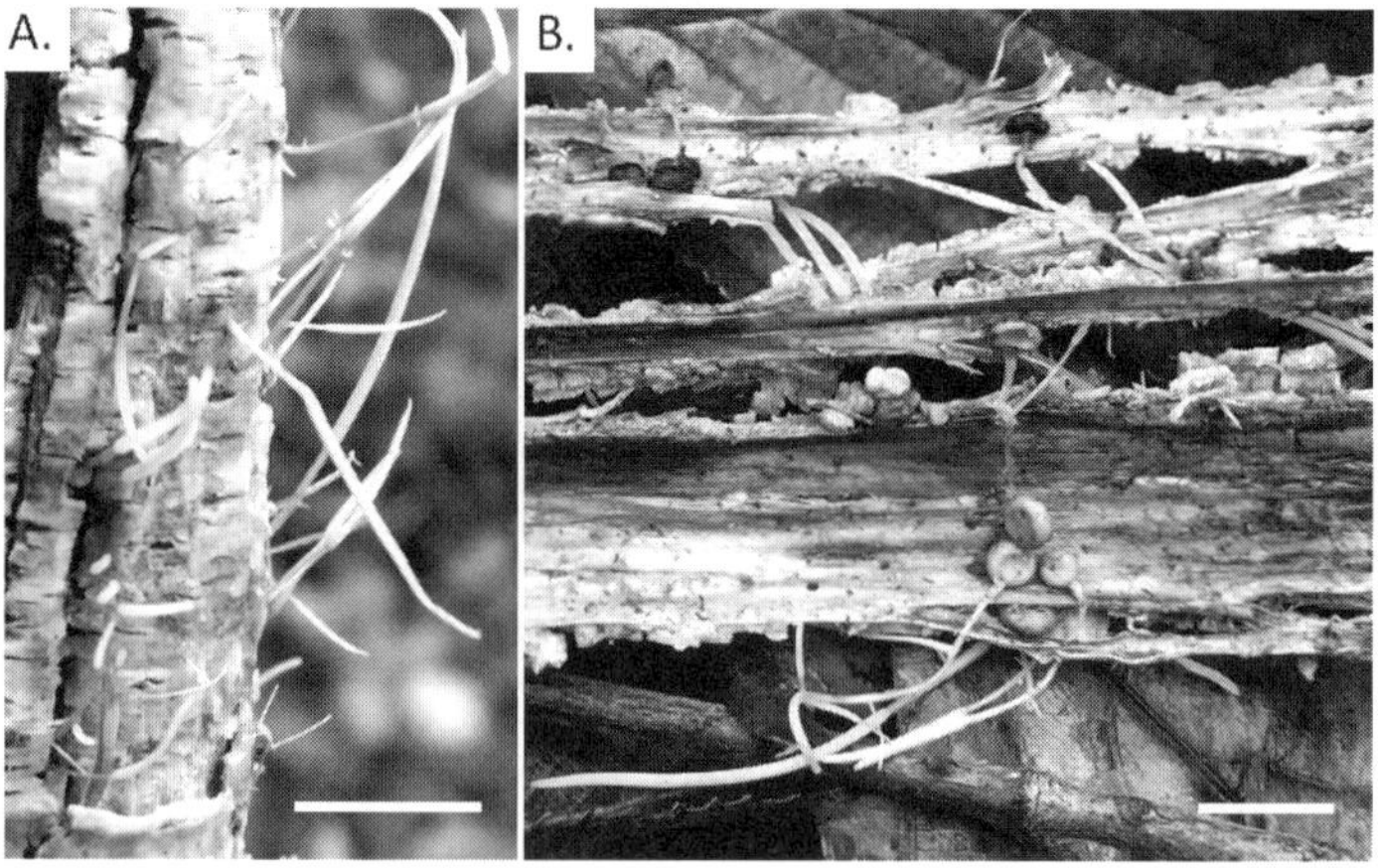

写真 4-1　生きたコマユミの成木樹皮の内側から２種のまごうことなきガマノホタケたちが見える。バーは１センチ。出典：T. Hoshino, Y. Yajima, O. B. Tkachenko, Y. Degawa, M. Tojo & N. Matsumoto（2013）Diversity and Evolution of Fungal Phytopathogens Associated with Snow. *In*: *Advances in Medicine and Biology*. Volume 69（*Ed*. Leon V. Berhardt), 69-82.

菌類は、ここを住処とし、餌にしているのである。[13] ここから一歩（菌類にこの表現は妥当だろうか？）進んで、生きた植物に感染できれば、さらに快適だろう。そしてこのような菌たちが、現在、さまざまな言語でヒト族から雪腐病菌と呼ばれている！

ケース① ピシュウムの場合

卵菌と接合菌には、他の糸状菌にはない特徴がある。菌糸が筒状、ほぼチューブになっている。代表的な菌類である子嚢菌のカビや担子菌のキノコは、細長い細胞の端同士がつながり、菌糸になる。筒状の菌糸をもつピシュウムたちは、細胞の仕切りを作る必要がないからか、子嚢菌・担子菌に比べてとても早く成長するが、そこにはリスクがある。

雪がない、あっても浅ければ、土は凍り、氷ができる。この氷がナイフのように、菌糸を1カ所傷つけると、子嚢菌や担子菌では細胞1つがお亡くなりになる

＊8　明治期に成立した演劇の「新派」も、名称変更をする気配も必要もないのだからよいのだろう。

＊9　ただし、氷点下でもっともよく働くように設計されてはいない。酵素は自らの形を変えて、化学反応を触媒する。低温で働く酵素は、柔軟性が高い。柔らかい分、常温の酵素に比べてこわれやすい。もしこんな酵素をもっていたら、細胞は酵素を造り続けなくてはならず、体力?を奪われる。
　極端な例を挙げると、南極の酵母は、あまり食べたことのないだろう餌に巡りあうと、これを分解するため耐熱性のある酵素を少し作る（Tsuji *et al.* 2013）。私は、彼らのこの戦略は省エネだと思っている。

＊10　ウイルスは細胞をもたない。だから生物ではないとハブられることがある。第1章参照。

＊11−1　Rose 1968. 実際のデータの一部?は、Brown & Rose 1969 に記されている。これを見ると、温度より栄養素の量によって細胞のサイズが変わっているし、細菌と比較していてなんかすっき

だけだが、卵菌の菌糸では仕切りがないので、中身がすべてこぼれて、全滅してしまう（図4-1）。

菌糸体だけでなく、ピシュウムたちの卵胞子も遊走子嚢も凍らせると死んでしまう。*14 生きた遊走子嚢は、びっちり中身が詰まっている（図4-2A）が、これを1回凍らせると、パッと見、穴がなくとも、外側にできた氷に持っていかれた（脱水された）水分が戻らず、死んでしまうのである（図4-2B）。

まったくピシュウムたちは、北極から南極まで存在しているのに！

なによ、あんたたち、これくらいの凍結で死んでしまうなんて！　と嘆く私の話を電話口で聞きながら、ピシュウム愛の強い大阪府立大の東條元昭博士は、こう言った。

「でもね、星野君よ。胸に手ぇ当てて、とっくり考えてみな。あいつらは植物病原菌なんだぜ。宿主に感染させて評価しなきゃ、ホントのことはわからねぇし、みんな立つ瀬がねぇだろ」（本来、彼は私に対して、上方《かみがた》イントネーションの標準語を話す。私の記憶を基にこの発言が自分に都合よく再現されているため、伝法《でんぽう》調の東京南部方言に書き換えられている）。

「たしかにねぇ。その通りだよ！」

りしない。

*11-2　日本を代表する菌学者の一人、本郷次雄先生のエッセイ集『きのこの細道』（トンボ出版、2003）には、シベリアの森林に見られるサルノコシカケ類には、ヘリの機上から確認できるほど大きなものがあるとの記述がある。サルノコシカケ類は多年生だから、人里離れた密林では大きく成長するのかと思っていたが、ひょっとしたら違うかもしれない。

*12　スカンジナビア半島北部の黒雪さんたちは、*Typhula hyperborea*（種小名は〝超北〟の意味）と命名されており、胞子が丸っこいのが特徴とされる。つまり胞子の体積が多いのだ（Ekstrand 1955）。さらにグリーンランドの黒雪さんの胞子は縦横ともに長いのだ。

*13　国土にツンドラを多く抱えるロシアは、この研究分野で一日の長がある。Stakhov *et al.* 2008; Ozerskaya *et al.* *In*: Margesin (ed.) 2009.

*14　高松 1989。

図 4-1　菌類の種類によって、菌糸の受ける凍結によるダメージにこんなに差がある。子嚢菌や担子菌は「痛っ！」くらいで済むが、卵菌はチーン……ご愁傷様です、となる。

早速、低温に順化した芝生にピシュウムを感染させ、凍結させると、なんと！　彼らは100％生き残ったのだ（図4―2C）。すごいよ、ピシュウム。あんたたちはこうやって極地の環境を生き抜いているんだね！　そうして、東條さんもすごい。ピシュウムのことを心底よくわかってる（さらにかさにかかって、私に説教しないところがいい）。

とどのつまりピシュウムたちは、裸の状態でいたら、土が凍ると死んでしまう。これを回避するため、凍らない場所として越冬する植物の細胞に入り込むことにした。植物は、越冬のため糖やアミノ酸を細胞に貯めて凍らない環境を創り出す。ピシュウムたちはこれを乗っ取り、凍結環境を生き抜くだけに飽き足らず、餌にもする。こうしてピシュウムたちは雪腐病菌になったのだと私は考えている。そしてこれは、子嚢菌や担子菌も同じだろう。

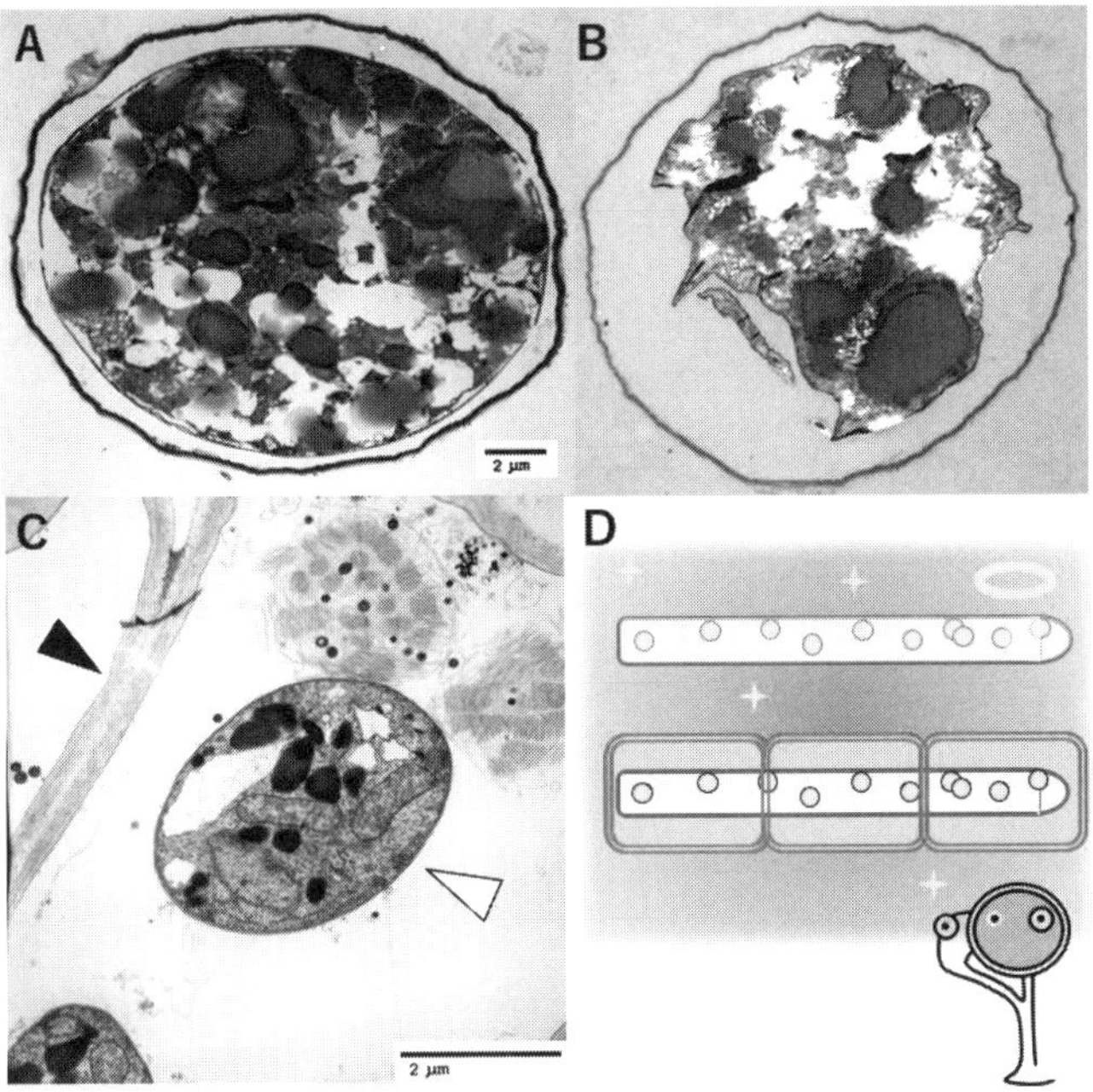

図 4-2　ピシュウムはこうして凍《しば》れる大地を生き抜いている！　A：凍結前の遊走子嚢、B：凍結／融解後の遊走子嚢。まるで絞られた後のグレープフルーツのようだ。凍結で搾り取られた水分が解けても、細胞は、それをスポンジのように上手く吸えず、元に戻れず、死んでしまう。C：芝生にピシュウムを感染させた後、凍結／融解させると、宿主細胞（芝）の中にある菌糸はついさっきまでぴちぴち／きときと[*15]していたに違いないと思わせる元気っぷりだ。▲：宿主である芝の細胞壁、△：ピシュウムの菌糸。凍結前のように中身がきっちり詰まっている。D：凍結に対するピシュウムの戦略のイメージ。

出典：R. Murakami, Y. Yajima, K. Kida, K. Tokura, M. Tojo & T. Hoshino (2015) *Cryobiology* 70: 208-210 を基に作成。

＊15　富山弁で生きのいいたとえ：国内でピシュウムたちの雪腐病が、北陸で発見されたこと（岩山 1933）を考えれば適切な表現だと思う。

ケース② 子嚢菌ボレアリスの場合

後に示す芸当ができる菌は、知られている範囲ではボレアリスだけなので、これを低温環境に棲む子嚢菌の代表に挙げてよいのか一瞬悩むが、ボレアリスが、〝こおり系〟最強であることに間違いはない。なにせ同じ温度なら、凍ったほうがよく生える。いえ、これ読み間違いじゃないです。本当なんです(図4―3)。聞き耳頭巾やソロモンの指輪があれば、黒雪さんたちを差し置いて、真っ先に、まず彼にインタビューしてみたい。そして、あんたは変態なのか？　と聞いてみたい。それくらい(もちろん、良い意味で)変わっている。

普通に考えれば、周りの環境が凍ってしまうと成長に使える液体の水が少なくなり、下手をすれば細胞の水分さえ奪われて脱水してしまう(ピシュウムの卵胞子や遊走子嚢は、これでやられてしまった)。また、氷は水の結晶なので水に溶けていた塩やらが排除され、濃縮される。凍った土の中のわずかな液体の水は、絶対に

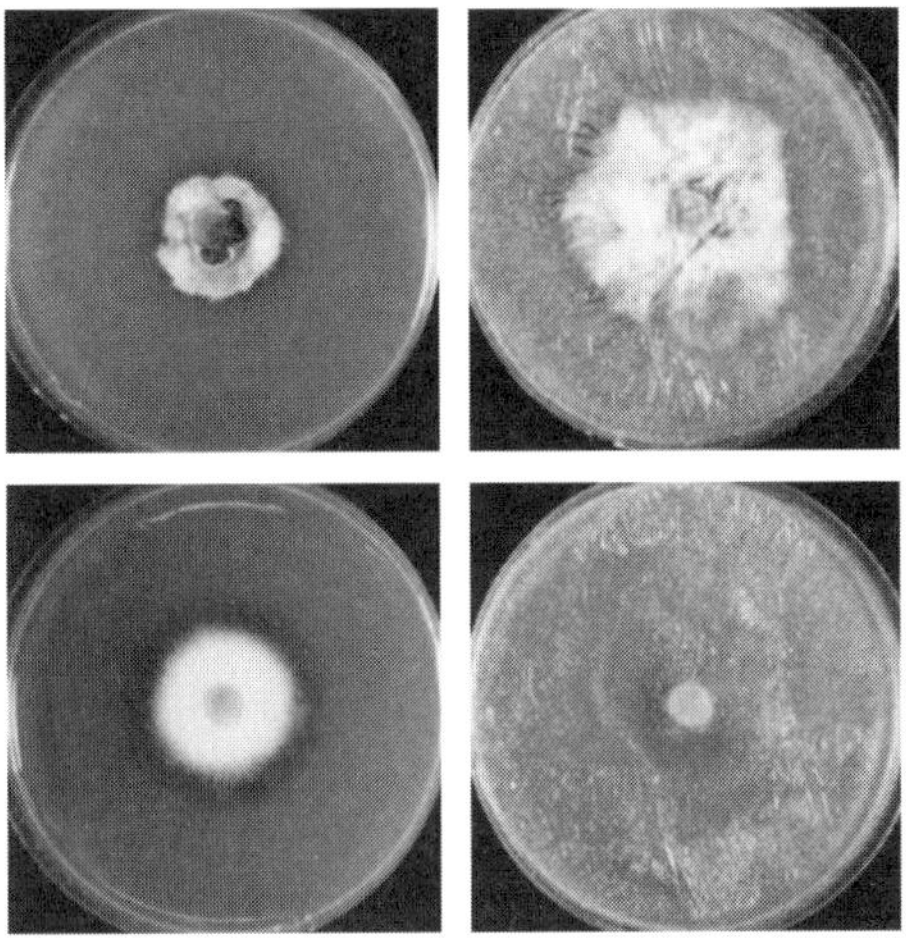

図4-3　ボレアリスのドMぶりがわかる、凍結するとみせる旺盛な成長っぷり。微生物の培養に使用する寒天培地は、栄養素やら塩類などを溶かしているので、0℃で凍らず、氷と接触させなければ、過冷却で−15℃以下にならないと凍結しない[*16]。一度凍結した培地を−1℃まで温度を上げても、水の融点は0℃なので凍った状態のままだ。凍結状態で紅色雪腐病菌は死ぬわけではない。動けない（まさにフリーズした）状態にある。解凍すれば普通に成長する。
出典：T. Hoshino, F. Terami, O. B. Tkachenko, M. Tojo & N. Matsumoto（2010）Mycelial growth of the snow mold fungus, *Sclerotinia borealis*, improved at low water potentials: an adaptation to frozen environment. *Mycoscience* 51: 98-103 を基に作成。

＊16　Hoshino *et al.* 1988.

不味いはずだ。ピシュウム以外の雪腐病菌は、凍結で死ぬことはない。だが成長できなくなるものが多い。凍結は、低温だけではなく、生物が使える水の量が減るため、ある意味「乾燥」と同じ状態だ。

凍結したら成長が加速されるなんて芸当ができる菌は、ボレアリスぐらいしか知らない（「いない」と断言したいところだが、私の知らない菌などいくらでもいるから、簡単に断言できない）。おまけに親戚筋のキンカクキン *Sclerotinia* 属の他の雪腐病菌に、こんなキャラ設定はないのだ。どこでどうやってこんな芸風を獲得したのだろう。

ボレアリスのこの性質は、私が見つけたわけではない。1947年、北海道農業試験場の冨山宏平博士が、道内の土壌凍結地帯でブイブイ言ってるボレアリスを研究する中で、この性質を発見した[*17]。終戦から2年後のまだ物の乏しい時期に、凍結した培地で菌を培養するのは、いくら北の大地の中心、札幌[*18]でも大変だっただろう。論文には、以下のようにさらりと綴られている。「温度は次のようにして得た。即《すなわ》ち暖房装置のない建物のコンクリート床面のブリキ箱上に雪をかけたもの」とある。往時の苦労がしのばれる。

ボレアリスは、なぜ凍結するとよく成長するのか？　ボレアリスが成長する

＊17　冨山 1949; 1951; 1955。

＊18　北海道のへそを自認する富良野、地理的重心の新得、十勝モンロー主義のさらに芯の帯広や北都（旭川の美称）、旧国名を示す石狩・日高・北見などの方々には申し訳ないが、文の流れで勘弁してほしい。

マイナス7℃までならば、土は凍っても、そこに含まれるすべての水が凍るわけではない。しかし、水分量は少なくなり、さまざまなものを含んだ水しか使えない（図4-4上）が、ボレアリスがこの不味い水を使えるならば、成長は可能だ。凍結≒低温+乾燥なので、培地中に塩類やらボレアリスが食べづらい糖類やらを足していくと、乾燥状態を再現することができる（図4-4下）。

実際、培地中にごっそり塩化カリウムやD-ソルビトールを入れて培養すると、[*19] 黒雪さんが一瞬抵抗するも、子嚢菌・担子菌を問わず塩辛かったり、甘さが増すごとに成長が鈍っていく。塩辛などの塩蔵品やジャムなどは、この原理で微生物による腐敗を抑えているため、当たり前だ。しかし、ボレアリスは異彩を放っている。塩辛くなるごとに成長速度が増している！

ボレアリス♡《ラブ》の斎藤泉博士によれば、ボレアリスは、温帯・寒帯に棲む2グループと、北極のグループに分けられるという。[*20] それぞれの菌株を乾燥状態に置き、さまざまな温度で培養すると、温帯・寒帯に棲む菌株は、乾燥を促すために塩化カリウムなどが添加された培地では、菌糸成長の最適温度が5℃から10℃に移行し、10℃以下で菌糸成長速度が増加した（図4-5左）。そして最終的に菌糸成長の最適温度は、5℃に戻るという複雑な温度感受性を示す。一方、北極の菌株の温

＊19-1　先行研究として、Bruchl & Cunfer 1971；波川他 2004がある。

＊19-2　カリウムを選んだのは細胞内濃度の高いイオンのため。培地中にある大量のカリウムイオンが細胞内に流れ込むことで、細胞は脱水されたのとほぼ同じ状態になる。ちなみに塩害も効果は似ているが少し異なる。乾燥は脱水により細胞内の成分の濃度が上昇する。塩害は細胞内に大量のナトリウムイオンが流れ込むことで起こる。そこでは細胞内のナトリウムイオンは低く抑えられている（だから減塩なのだ）。食塩（塩化ナトリウム）を入れた培地でボレアリスの変態的な性質は、発揮できない。彼らの性質は、乾燥耐性であって塩耐性ではない。

＊20　斉藤 2006。

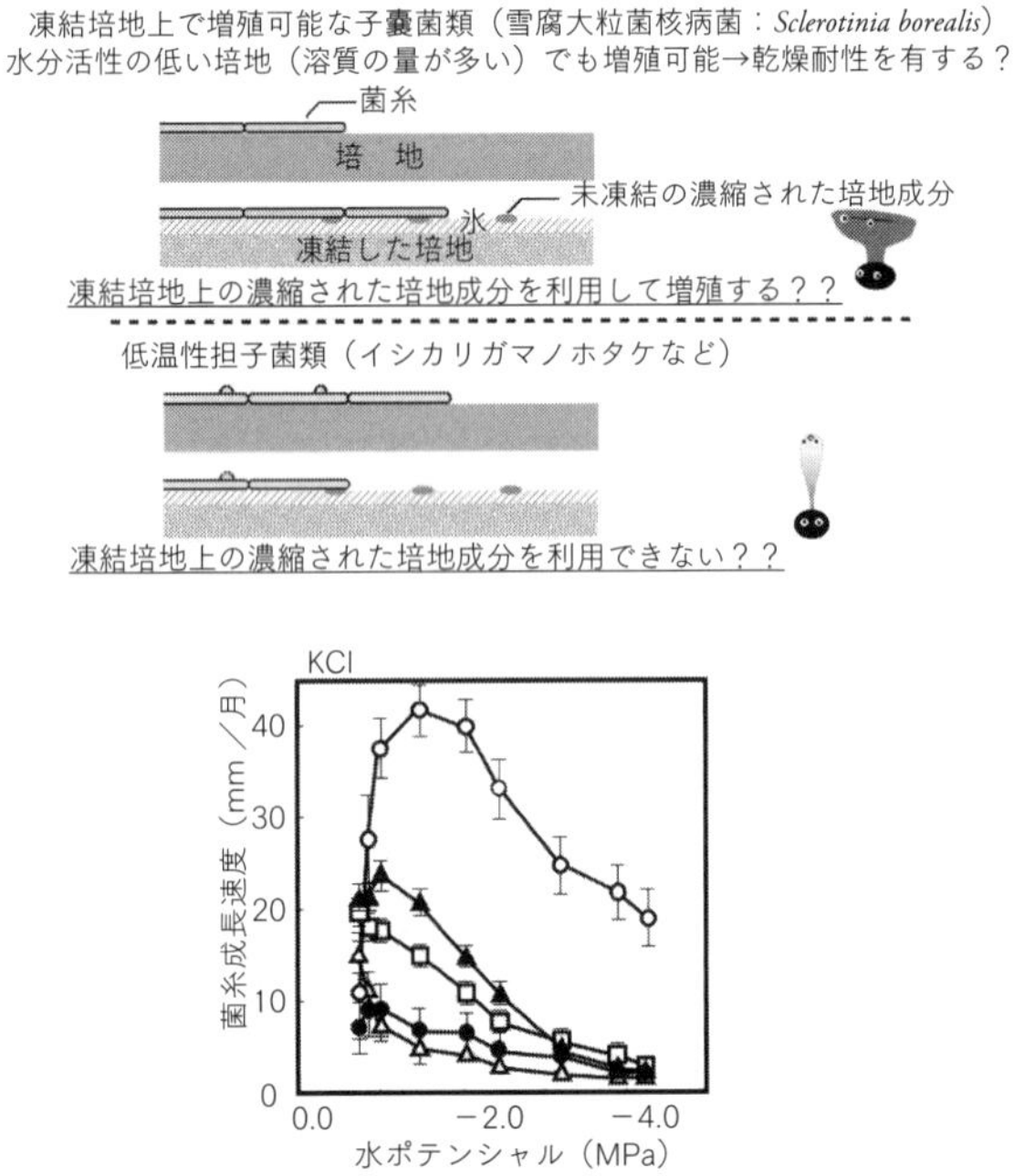

図 4-4　凍結環境でのボレアリスのチートぶりを解明するための作業仮説（上）とその結果（下）。下図は、培地中に塩化カリウムを添加することで様々な乾燥状態を作り出した。横軸の水ポテンシャルは、すごく乱暴に言えば菌類が実際に使える水の量を示している。数値が低くなるほどKCl濃度が高い塩対応の状態である。○はボレアリス、●紅色雪腐病菌、△暗色雪腐病菌 *Racodium therryanum*、▲我らが黒雪さん、□ *Athelia* sp. スッポヌケ病菌。

出典：T. Hoshino, F. Terami, O. B. Tkachenko, M. Tojo & N. Matsumoto (2010) Mycelial growth of the snow mold fungus, *Sclerotinia borealis*, improved at low water potentials: an adaptation to frozen environment. *Mycoscience* 51: 98-103 を基に作成。

度ごとの成長速度は、5℃から15℃までほぼ同じ台形になるという不思議な曲線を描く（なにか抑制されている感がある：図4－5右）。乾燥が進むにつれて、菌糸成長の最適温度が15℃だと明確にわかるようになり、やがて5℃に移行するのである。

ここまでいくと、乾燥状態は決してストレスではなく、彼らの平常だと言えるだろう。逆に一般的に菌類の培養に用いられるポテトデキストロース寒天培地が、彼らにとってのストレス環境なのだ。

彼らの餌である植物が越冬するために糖などを蓄積し、細胞を凍りにくくすることを先に示した。植物たちはこの効果を高めるため、自ら積極的に脱水までしている。つまり宿主植物自体、水分が少ないのだ。

私は、ボレアリスが、生息地である土壌の凍結と宿主の脱水に合わせて進化してきたと考えている。ボレアリスによく似た形態を有するキンカクビョウキン属の *Sclerotinia antarctica* は、どんな性質の菌なのかほとんどわかっていないが、彼を確保・取り調べることで、ボレアリスの足取り（胞子分散の様子やその進化）を探れるかもしれない。

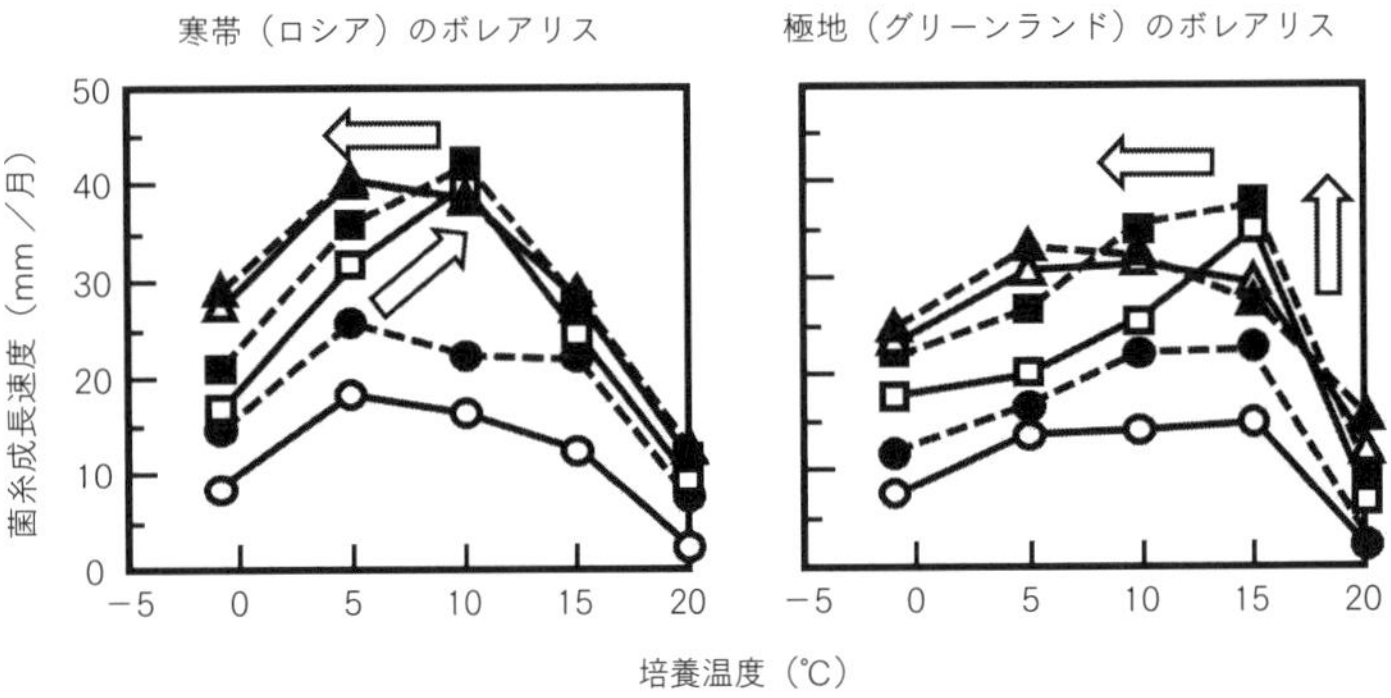

図 4-5　乾燥状態でのボレアリスの菌糸成長温度の変化。○通常のポテトデキストロース寒天培地、● 0.1M の D-ソルビトールを添加、□ 0.2M 添加、■ 0.3M 添加、△ 0.4M 添加、▲ 0.5M 添加。ああ!?　これ未発表データじゃん。論文書かないと。

ケース③ 真打登場！ 担子菌・黒雪さんたちの場合

寒さと担子菌と言えば、ガマノホタケであり、その中でも黒雪さんたちが、その代表である（キッパリ）。[*21] しかし、黒雪さんたちでさえ凍結は苦手なのだ（図4−6）。凍結すると菌糸成長がかなり遅くなる。[*22] それゆえ黒雪さんたちは、凍結を避けるためかなりのコストを払っている。菌糸の周囲が凍りづらく、凍ってもすぐ溶けるように自らの環境を改良しているのである。いやいや、一介の菌類が、そんな環境の改良なんて、なんて大げさな、と思うあなた。いえいえ本当なんです。以下の段落をご笑読あれ。

ちょっと話題がそれるが、氷山の下にも魚がいる。海水は、塩水なので0℃ではなくマイナス1・8℃で凍結する（これは高校の化学で習う凝固点降下[*23]による）が、夏に釣り上げた魚の血液はマイナス0・7℃で凍ると言う。まあ、成分が違うのだから凍る温度も海水と違うよねえと思うが、ちょっと変だ。それなら海が凍る

＊21　これはキノコに限ってのこと。酵母には南極陸上生態系の最大勢力であるシロキクラゲに近い *Mrakia* という別のスーパースターがいる。Tsuji *et al.* 2013; 星野他 2016。

＊22　Hoshino *et al.* 2009.

＊23　水に塩や砂糖を溶かすとその濃度に応じて凍る温度（凝固点）が下がる現象。ちなみに沸点は上昇するよ。

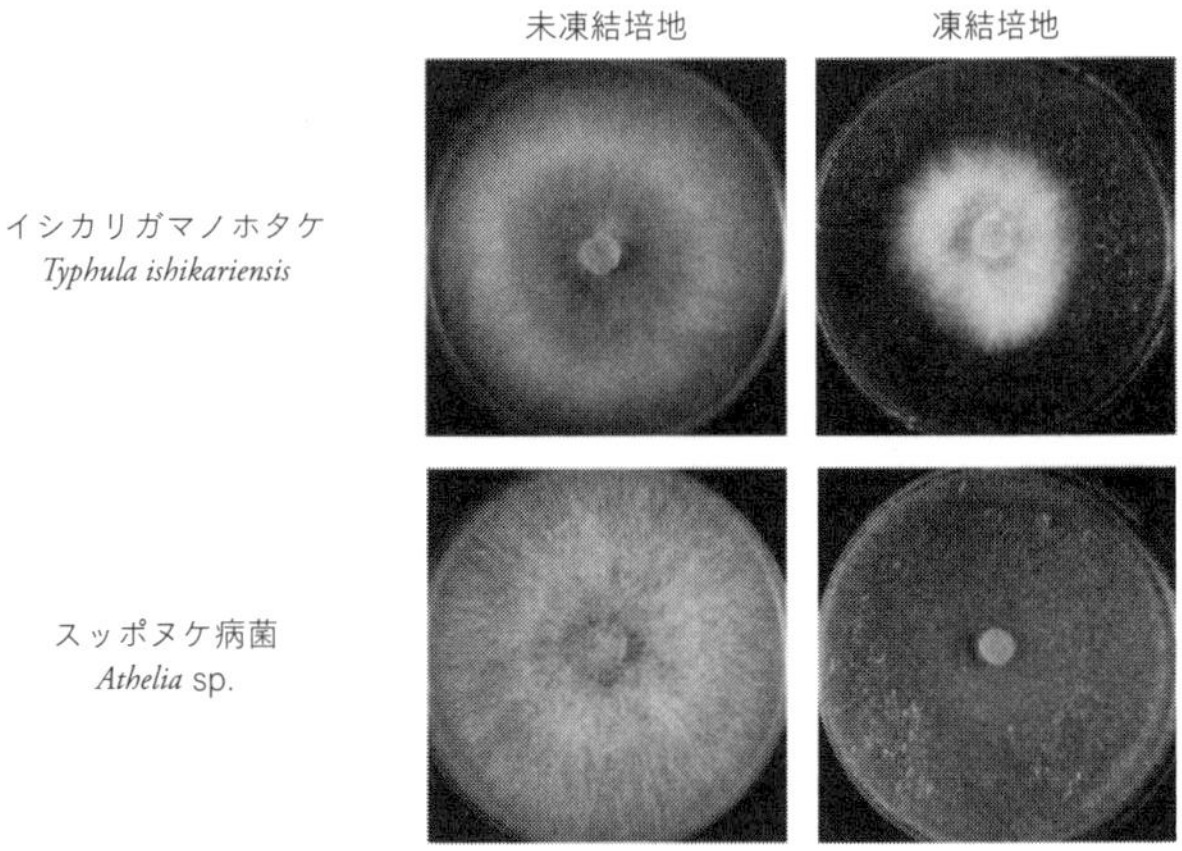

図 4-6　黒雪さん危機一髪！　凍結すると、死ぬことはないが成長は遅くなる。

前に、魚が凍ってしまうではないか。しかし、氷下魚《こまい》（これの干したやつは酒のつまみに最高です）なんて名の魚がいるように、彼らは平気な顔で（表情筋は少ないかもしれないが）氷の下を泳いでいる。

　これにはからくりがある。魚たちは海氷の時期、不凍タンパク質*24（antifreeze protein：以降ＡＦＰと略称）と呼ばれる特殊なタンパク質を血液や体表を覆う粘液中に蓄積し、体液の凍結温度をマイナス２・０℃まで下げることで、血液の凍結を回避している（図４-７）。このことがわかったのは、１９５０年代だ。

　ではＡＦＰは、どのようなメカニズムで魚の血液を凍りにくくしているのだろうか？　血液中に氷ができても、その結晶が小さなうちに、ＡＦＰはこれに張り付き、覆ってしまう。ＡＦＰに覆われた氷結晶は新たに水分子を取り込むことができなくなる（図４-８）。これにより、氷結晶は、成長（大きくなる）せず、その結果、溶液は凍らない。

　氷の単結晶（一つの氷が、一つの結晶からできていること）は、図４-８のように上下２つの六角形の面とこれを取り巻く６つの長方形の面でできている。通常、単結晶の氷は成長する過程で、無数に枝分かれした多結晶（雪の結晶をイメージしてほしい）に変化し、見た目、丸い氷ができる。魚のＡＦＰは長方形の面に張り

＊24　魚の体液も実際温度を下げていけば凍るので、不凍タンパク質とは言い過ぎでないかとの意見もある。また、植物のＡＦＰのように凍り方を制御することが重要な場合もあり、近年は氷結晶結合タンパク質（ice-binding protein：ＩＢＰ）とも呼ばれている。英語だとあまり感じないのだが、日本語の氷結晶結合……うーん、だいぶ物の言いが堅くて日常会話には登場しない気がする。

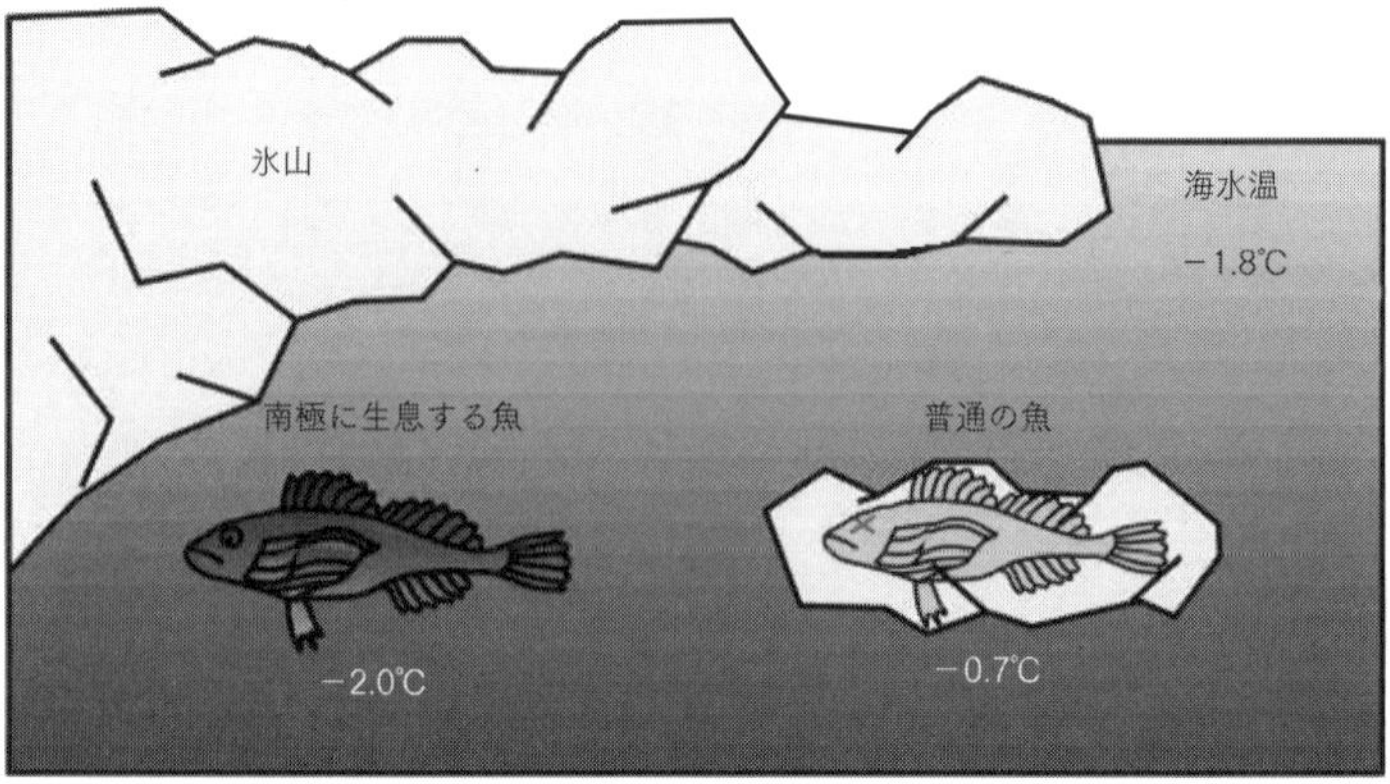

図 4-7　氷山の下で泳ぐ魚たちは、特殊なタンパク質を蓄積して血液の凍結を回避している。原図提供：三浦和則博士。

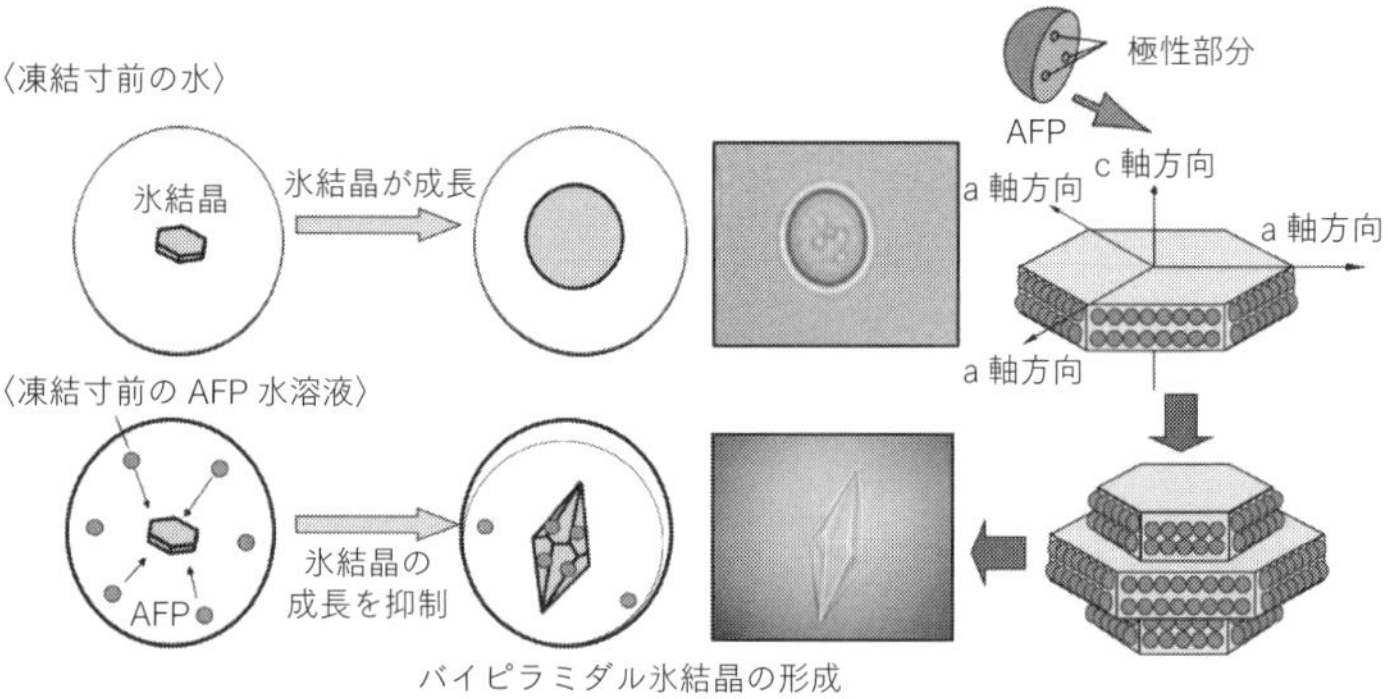

図 4-8　魚の不凍タンパク質 AFP の効果。正確には底面が六角形なので、底面が四角形のピラミッドとは形が違う。ただ階段状の構造は似ていると思う。4 章扉の切手紹介に実際に底面でピラミッドを無理やり合わせた図を示した。原図提供：高道学博士・三浦和則博士・津田栄博士。

付き、これを覆ってしまう。すると、氷結晶は六角形の上下のみ成長し、ＡＦＰがこれを覆ってしまうことになる。これを繰り返すことでピラミッドを底面で重ねたバイピラミダル型と呼ばれる特殊な形の氷結晶を形成する。そしてこのＡＦＰは魚の専売特許ではなく、低温環境に生きるさまざまな生物から発見されている。昆虫のＡＦＰは六角形の上下の面にも結合できるため、さらに効果が高い。そして無論ここに菌類も含まれている。[＊25]

私は当初、黒雪さんたちなら細胞の凍結を回避するために細胞内にＡＦＰを蓄積していると思っていたし、そのような先行文献もあった[＊26]が、後にガセネタだとわかった。しばらくして競争相手でもあり、友人でもあるカナダのTom Hsiang教授たちのグループが、数種のガマノホタケの培養液を凍らせると、ＡＦＰと考えられる氷結晶の変化が見られると報告した。[＊27]細胞外にＡＦＰが分泌されるのか？　文章を目で追い、脳内で処理された思わぬ情報に、マブイが落ちかかったと言うか、六文銭を握ったたまま、カムイの前庭がうっすら見えたくらいの衝撃だった。

ＡＦＰは水を凍りにくくする機能をもったタンパク質だ。機能をもつタンパク質の代表としてさまざまな反応を触媒する酵素がある。だが酵素はＡＦＰと大き

＊25−1　冬期に野外で採集した4種のキノコ（いずれも担子菌：ヒラタケ・エノキタケ・カワラタケ・キウロコタケ属菌）、3℃で培養した2種の好冷性真正細菌（*Micrococcus cryophius*、放線菌 *Rhodococcus erythromolis*）の細胞抽出液より、熱ヒステリシスを報告したことに始まる（Duman & Olsen 1993）。

＊25−2　熱ヒステリシスとは、氷が溶ける温度（融点）と水が凍る温度（凝固点）が異なる現象。普通、水は（過冷却がかからないようにすれば）0℃で凍り、氷は0℃で溶ける。しかし、ＡＦＰを含む水は融点>凝固点となり、凍りにくく、溶けやすくなる。

＊26　Newstead *et al.* 1994. これには分子量3000程度の魚類ＡＦＰの抗体と反応する同じ分子量のタンパク質が、雪腐病菌の細胞内に存在すると記されていた。運よくカナダからこの抗体を分けていただいて実験すると、黒雪さんたちの細胞内では、分子量3万（既報より10倍大きい?）のタンパク質と反応することがわかった[＊16]。おまけにこの抗体と反応するタンパク質は、凍結耐性の高い北極の菌株に多く、より南の菌

な違いがある。酵素は〝ピン〟で働くのに対して、AFPには〝集団行動〟が求められるのだ。

　細胞外に分泌された酵素は基質を分解しながら、細胞周囲に拡散していく。それでも壊れてしまうまで律儀に働き続ける。一方、AFPは氷の表面をすべて覆ってしまうことで、氷の成長を妨げる。少しでもAFPが付かない場所があれば、そこから氷が成長する。つまりAFPがきちんと働くためには、一定の濃度が必要だ。細胞の外に分泌されたAFPはなすがままに拡散し、希釈されてしまうかもしれない。生物はそんな無駄をしないだろうと私は思っていた。だがじっくり考えると、魚も体内であるが細胞外の血液中に、植物も同様に細胞と細胞の間のアポプラスト（細胞膜外側の水溶液に満たされた空間）にAFPが存在している。細胞外の氷をどうこうするために、皆AFPを備えているのだ。

　早速、雪腐病菌の培養液を凍らせると、ガマノホタケたち担子菌にのみ特徴的な氷の形が見えた。[*28] ガマノホタケの中で、黒雪さん・茶雪さん（*T. incarnata*）・赤柄さん（*T. phacorrhiza*）の順に寒さを好むことは、先に記した。AFPによる氷結晶の変化の度合いもこの順に強くなる。黒雪さんの作る氷は、黒曜石でできた打製石器のような独特な形をしている（写真4-2）。こんな形の氷は、当時だれも報

株は細胞内濃度が低かった。これは私の作業仮説に都合がよく、しばらくこれが黒雪さんのAFPと信じていた[*16]。

＊27　Snider *et al.* 2000. この1年前に出版された、米国植物病理学会の要旨集を見たときだ。

＊28-1　Hoshino *et al.* 2003 a; 2003 b; 2009.

＊28-2　ただし、これは雪腐病菌限り。北海道や南極で採集した菌類では、コウマクノウキン（ツボカビに近いグループ）、接合菌や子嚢菌、地衣類やはては卵菌までさまざまな菌類からAFPの存在が確認されている。新井達也・星野保「8章 微生物由来不凍タンパク質」『不凍タンパク質の機能と応用』（津田栄監修）、シーエムシー出版、2018、pp.96-103。（写真4-3）

　また、黒雪さんのAFPと同じ遺伝子が、細菌・藻類・原生動物はてはプランクトンサイズの動物から見つかっている。これは遺伝子の水平伝播と呼ばれる現象で、異なる生物種間を遺伝子が移動することを示している。これにもウイルスが一枚も二枚もかんでいると考えられている。この現象は、

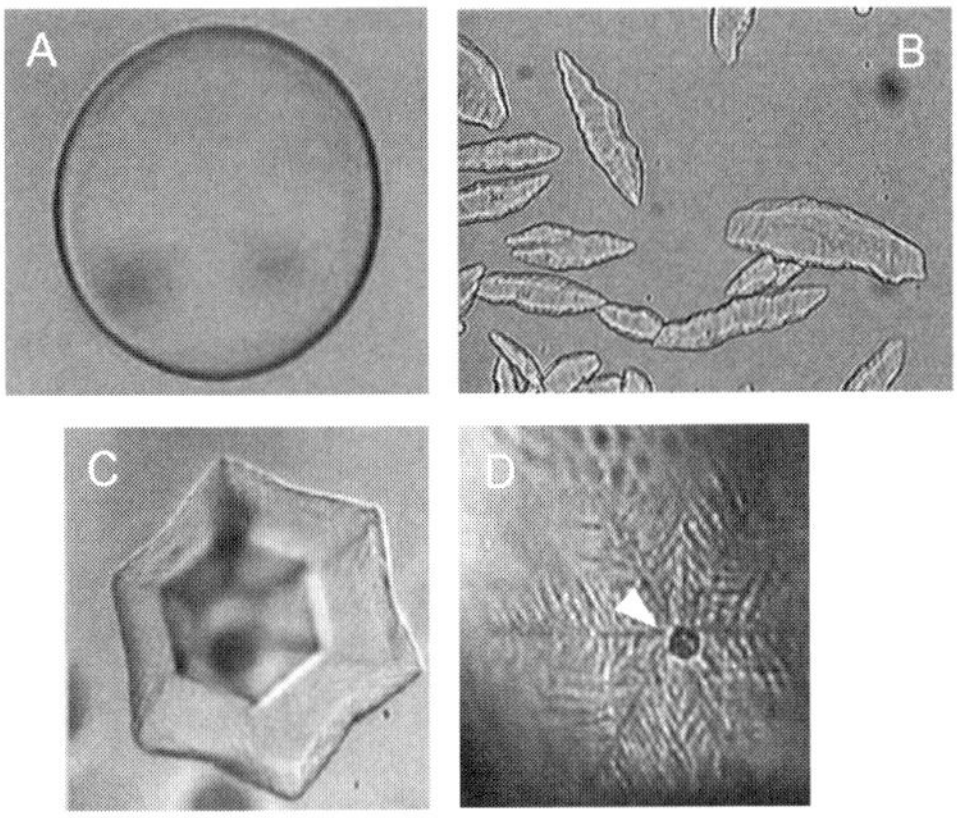

写真4-2　黒雪さんの培養液やAFP溶液を凍らすとこんな氷が見える。A：培養前の培養液、B：0℃で2カ月培養した黒雪さんの培養液。まさに打製石器。C：培養初期の培養液や低濃度（4μM）のAFP溶液では、氷結晶が六角形や星形になる。D：高濃度（50μM）のAFP溶液では温度を下げても△で示す種氷がしばらくは全く成長せず、ある温度以下になると急激に雪の結晶のように凍結する。この性質は、氷結晶の全面を覆うことができる性質と同じである。
出典：鈴木啓太（2008）「好冷性担子菌 *Typhula ishikariensis* 由来不凍タンパク質の機能解析」北海道大学大学院理学院生命理学専攻修士論文（未公刊）を基に作成。

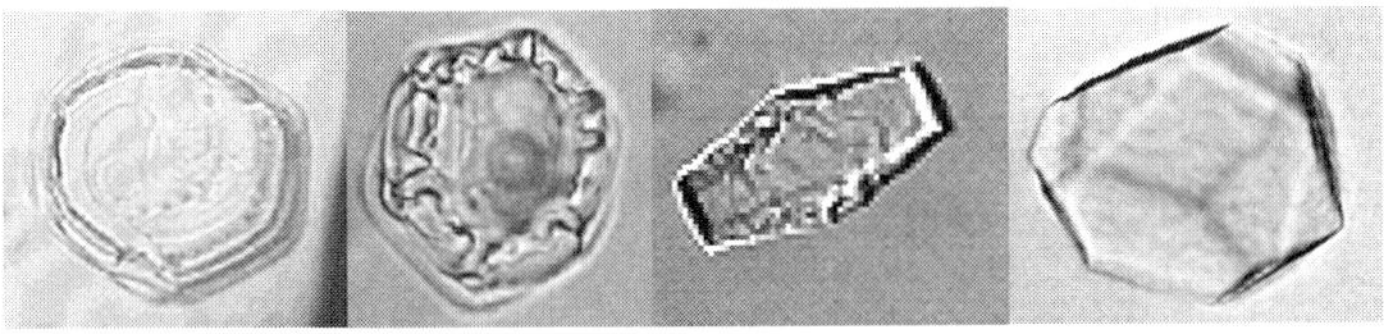

写真4-3　南極産菌類の培養液が示す多様な氷結晶。左から順に卵菌未同定種、コウマクノウキン未同定種、子嚢菌 *Antarctomyces psychrotrophicus*、担子菌酵母 *Glaciozyma antarctica*。卵菌やコウマクノウキンの培養液が作る氷結晶正面の不思議な模様はいかなるメカニズムなのだろうか。
出　典：N. Xiao, S. Inaba, M. Tojo, Y. Degawa, S. Fujiu, Y. Hanada, S. Kudoh & T. Hoshino（2010）Antifreeze activities of various fungi and Stramenopila isolated from Antarctica. *North American Fungi* 5（5）: 215-220を基に作成。

告していなかった。

擬人的な比喩を用いれば、黒雪さんは考えているのだろう。彼女たちの菌糸成長の最適温度10℃は、凍る温度ではないからだろう、ＡＦＰの効果は弱かった。一方、凍るかも！と思われる０℃で培養すると、明らかな効果が確認された。それぞれの温度で培養した液体培地中のタンパク質を電気泳動によって分析すると、10℃では培地中のタンパク質はほとんど見られない。しかし、０℃で培養した培地にはくっきりと分子量２万くらいの位置にタンパク質の存在が確認された（図4-9Ａ）。そしてあれやこれやと操作して、不純物を除き、菌類のＡＦＰを初めて精製した。

植物には、ＡＦＰと酵素の２つの機能をもつタンパク質の存在が知られている。*29 当初、私は黒雪さんのＡＦＰもこれと同じでなにか別の機能もあるだろうと考えていた。なにせ培地中に存在するタンパク質の95％以上はＡＦＰという異常事態だ。黒雪さんは、かなりのエネルギーをＡＦＰ生産に費やしている。あんた一体、どんだけ凍りたくないのよ。凍らせないだけのために、これだけのコスト払わな

生物進化に大きな影響を与えていると共に、自然界でも遺伝子組み換えが起きていることを示している。典型的な例は、ビール酵母の誕生だと思う（和文の解説は、大室 2016）。

＊28-3　一方、南極をはじめ世界中の氷河に見られる *Mrakia* 属酵母はＡＦＰを作らない。そもそも遺伝子がないのだ（Tsuji *et al.* 2015）。*Mrakia* 属酵母は、菌類がＡＦＰ獲得前の寒さに生きる姿を見せてくれるのだろうか？　あるいはＡＦＰを必要としないほど進化したのだろうか？

＊29　Griffith & Yaish 2004.

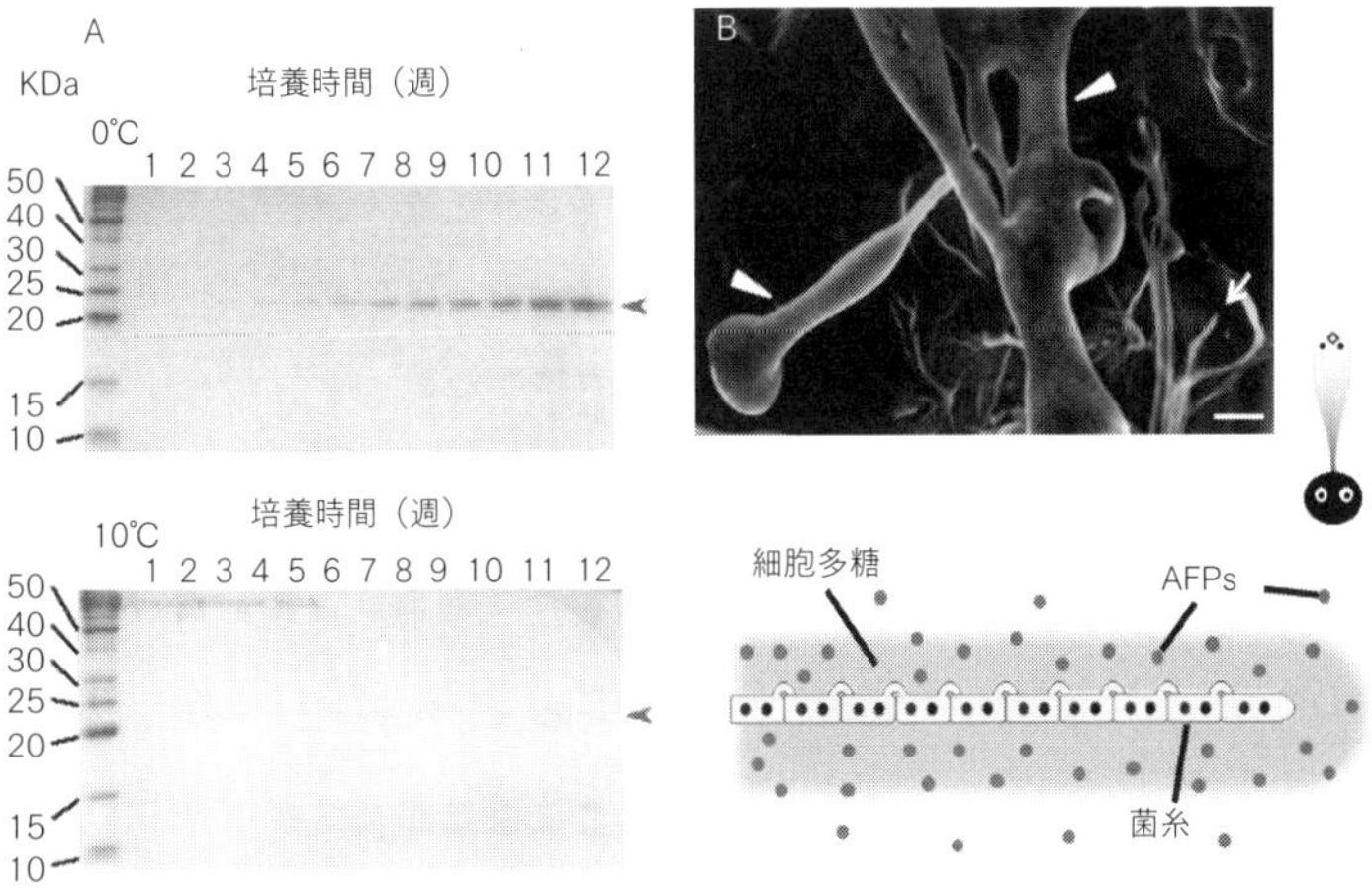

図 4-9　黒雪さんは AFP で凍結環境を一点突破する気らしい。A：培地の電気泳動写真。細胞外に分泌されるタンパク質を、その大きさで分析することができる。kDa は分子量のこと。10 kDa =1 万となる。0℃で培養すると▲で示す分子量 2 万程度のタンパク質だけが蓄積していることがわかる。また、凍らない温度 10℃ではこのタンパク質はほとんど見られない。B：黒雪さんを小麦に感染させ、食事風景を観察すると……この倍率なら菌糸は、写真右下の白矢印くらいに見えるはずなのだが、なにやらめちゃくちゃ粘っこいものをまとっている（△）。画面奥の小麦の葉に菌糸が侵入する際、多糖が張り付いて、べちゃ、とか音が聞こえそうだ。写真中央はなにやら多糖がドーナツ状に張りついて担子菌特有のかすがい連結のように見えるが（だからこの場所を撮影した）、実際はわからない。

出　典：T. Hoshino, M. Kiriaki, S. Ohgiya, M. Fujiwara, H. Kondo, Y. Nishimiya, I. Yumoto & S. Tsuda（2003）Antifreeze proteins from snow mold fungi. *Canadian Journal of Botany* 81: 1171-1181; T. Hoshino, N. Xiao, Y. Yajima, K. Kida, K. Tokura, R. Murakami, M. Tojo & N. Matsumoto（2013）Ecological strategies of snow molds to tolerate freezing stress. *In* Plant and Microbe Adaptations to Cold in a Changing World: Proceedings of the Plant and Microbe Adaptation to Cold Conference, 2012（R. Imai, M. Yoshida & N. Matsumoto eds.）Springer, New York, NY, 285-292 を基に作成。

いでしょと思い、考えられる酵素活性の測定をしてみた。しかし、活性がない。そうこうするうちに黒雪さんのAFPの遺伝子を見つけた。[*30]それは魚とも、虫とも植物のAFPとも、縁もゆかりもないモノだった（収斂《しゅうれん》進化と呼ぶ分子レベルの他人のそら似）。さらに黒雪さんのAFPの形を精密に測定すると、やはり酵素ではなかった。[*31]

黒雪さんは、タンパク質として4種類、遺伝子としては11種類以上のAFPをもっている。遺伝子の数を増やしてAFPをとにかく大量に作る作戦だ。でもそんなに作っても菌糸の周りから拡散してしまうのにと思っていたが、食事の様子を観察して気づいた。菌糸が服を着ている！

液体培地で培養するとたしかに菌糸体の周りにどろっとした透明の多糖が付いてくる。小麦をお食事中の黒雪さんの菌糸は、多糖をまとってずいぶんと太く見える（図4−9 B）。細胞外に分泌されたAFPの大半はここに留まり、菌糸周囲に凍りにくい、あるいは凍っても溶けやすい環境を創っていると考えられる。

まさに黒雪さんの勝負服なのだろう。実際、低温室を0℃に設定して、黒雪さんを培養していたとき、シャーレが凍ったことがあった。シャーレの蓋に付いた霜が落ちたのが原因だろう。シャーレを手に低温室内の蛍光灯に透かして見ると、

＊30　この遺伝子は当初、シイタケのもつ機能未知遺伝子として香港大学の研究者によってデータベースに登録されていた（Raymond & Janech 2009）。私たちの発見は、機能からこの遺伝子にたどり着き、真の名を見出したところにある（おお！　我ながらこの箇所、『ゲド戦記』あるいは『崖の国物語』シリーズの大地学者的でよい）。近年、ゲノム解析によるビッグデータの蓄積が著しいが、機能未知の原石が大量に積みあがっている。これをどうするか問題も山積みだ（地道な解析じゃ追いつかない）。

＊31　Kondo *et al.* 2012.

菌糸の周りだけは凍っていないように見えた。菌糸周囲に蓄積したＡＦＰの効果だと思う。

ボレアリスと黒雪さんは、同じ雪の下に住む赤の他菌だ。はじめはピシュウムたちを含め雪腐病菌に至る共通の道があったように見える。しかし、交差した道はまた分かれ、それぞれに進化している。得手不得手があり、どれがすごいとは一概には言えない。今はピシュウムたちとボレアリス、それから黒雪、みんなちがって、みんないい。と吟じてみたい。

第 5 章

ご先祖様たちは、
いつ“雪《ゆき》腐《ぐされ》”を知ったのか

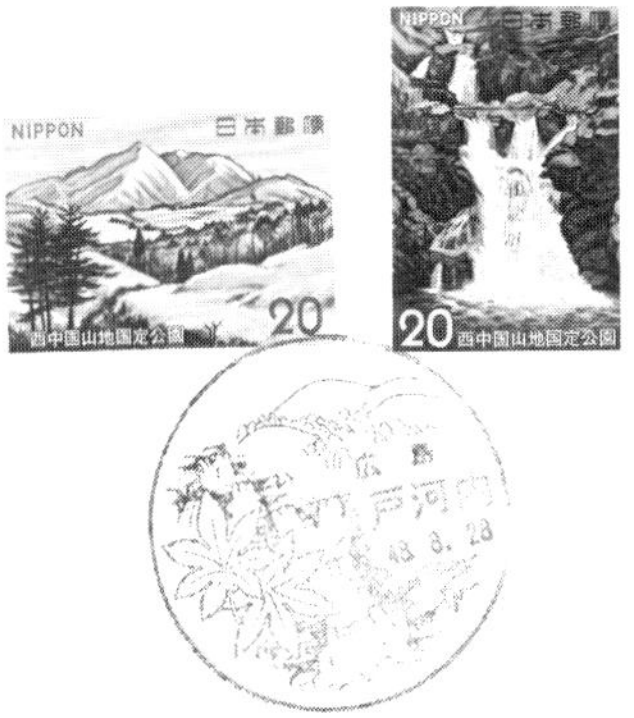

【切手紹介】左の切手、飢餓救済運動（日本、1963 年）は北極圏中心の地球と麦の消印図案から当初、第 3 章の扉での登場を想定していたのだが、今回の内容にバッチリハマっているのでここに掲載することにした。また、国内雪腐病の歴史に関して切手での聖地巡礼を企画していたのだが、なにやらふるさと切手などあでやかすぎて、この回の趣旨とチョット違うと思い、私がそもそも雪腐病の歴史を調べるきっかけになった広島県北部の冬景色と景勝地、三段峡（**右**：日本、1973 年）を紹介する。

振り返れば謎がある

慣れは恐ろしい。私はほぼ毎日、何らかの形で〝雪腐〟と読んだり、書いたりして、この語句に何の違和感をももたない。例のファンブックを上梓した際、自分がわらしべ長者になったような出来事が重なった。その一つが、ビートたけし氏との対談だ。[*1] 活字になった文章を読むと、私は電光石火、立て板に水、弁舌鮮やかに返答しているように編集されているが、のっけからたけしさんに「雪腐病菌って聞いたことないんだけど、何すか?」と聞かれて、大いに慌てた。黒雪さん *Typhula ishikariensis* たちが、なぜ雪腐病菌と呼ばれるのか、そもそもなんで〝雪腐〟なのか、まったく知らない。それまで1ミリも考えたことがなかった。

そのときは、これまでの研究の経緯を紹介して納得していただいたが、雪腐という言葉がいつから使われ始めたのか、大いに気になりだした。

この少し前、私は札幌から東広島に単身赴任した。瀬戸内の温暖な気候で、家

＊ 本章は、「近世日本における冬損・雪腐病とその対策の記録」『土と微生物』72（2）: 90-93, 2018と「「菌が好き!」って言える時代に」『潮』２０１７年12月号：26-27を下敷きに、「キノコ兵器化計画の顛末」『群像』71（11）: 238-239を少々加え、内容を全面的に書き改めた。

＊1　この対談は、まず『新潮45』誌に掲載され（「キノコを求めてシベリアをゆく」35巻7号、270-281, 2016）、その後、ビートたけし『たけしの面白科学者図鑑 地球も宇宙も謎だらけ!』新潮社、2017に収録された。対談の際、よい機会なのでサインの為書きをイシカリガマノホタケ宛で所望すると快く引き受けてくださり、「宛名は…様?…さんゑ?」と思い悩まれていた。

＊2-1　山陽地方での茶雪さんたちの記録は、星野他 2019として報告した。私が探した範囲では、広島県内での雪腐病菌分布は、広島県立農業試験場による昭和22年度の調査がもっとも古かった（広島県立農業試験場 1947）。当然、もっと古くから調査されている可能性が高い。しかし、戦後の混乱

族にもガマノホタケたちにもしばらく会えないのかと思っていたが、大間違い。そこは中国山地に沿って豪雪地に指定されている。日本を代表するUMA（未確認動物）、ヒバゴンのホーム・広島県北部は、天と法の定めによる国内豪雪地域の西端《にしのはし》で南限だ。

広島県で現在、雪腐病菌はガン無視されているが、県内での雪腐病菌の記録は昭和10年代からある。[*2] たしかに雪解け後の北広島町を歩くと、赤柄さん *T. phacorrhiza* や茶雪さん *T. incarnata* に会うことができた。麦踏み（広辞苑では、「麦の伸び過ぎを抑え、根張りをよくするため、早春、麦の芽を足で踏むこと」とある）の歴史はもっと古いだろうと思い、八幡原での調査でお世話になった農家の方に何気なく伺ったところ「そじゃのう、郷土資料でもみんさったら」との助言を受け、読んで仰天した。実に興味深いことが書かれていた。

今はほぼ忘れ去られているが、麦は中世（鎌倉・室町時代）から戦後まで、農家の食料として重要だった（米《こめ》原理主義の我が国で、近年、栄養素や食物繊維として雑穀が見直されているのは、皮肉なものだ）。水田裏作としての麦栽培の歴史は、備中《びっちゅう》・備後《ビンゴー!》（今の岡山と広島の一部）での1264年まで遡る。[*3] 一方、明治・大正期に活

などで資料が散逸していると思われる。

＊2-2　雪腐病の先駆者の一人、卜藏梅之丞氏は、農林省が雪腐病菌防除のため昭和10（1935）年度より5年間、全国3000町村に対し薬剤噴霧器購入の半額助成を行ったと記している（『日本農作物病害防除史』産業図書、1953）。調べてみると『病害虫雑誌』の雑報に、昭和10年度に雪害地方に於ける麦類及紫雲英菌核病防除奨励金として、広島・岡山両県を含む道府県に支給されたことが記されている（著者不明1935）。この文献により広島県の雪腐病菌として、少なくとも1935年以前に茶雪さんの存在が知られていた。さまざまな雑誌の後ろについている雑記に、こんな価値があるとは思わなかった。

＊2-3　学術的に国内の雪腐病菌の初出は、小麦菌核病防除法質問並答（堀 1914）として「*Sclerotinia rhiZoides*, A Wd.（筆者注：正確には *Sclerotium rhizodes* Auersw.）の寄生に依りて起こる東北地方及信越地方にて雪腐れと称し春季融雪の際に麦類の腐敗するもの」とある。この頃は、正確には雪の下で病気が起こるとは考えていなかったようだ。

躍した植物病理学者の堀正太郎博士は、雪腐病菌の国内最古の記録は1789年、現在の富山県小矢部市（以後の地名は、すべて現在の地名を記す）在住の農学者・宮永正運が記した私家農業談の記述と発表し、松本直幸師匠も私もこれを引用していた。*4

しかし、ちょっと調べてみると中国地方5県における麦の雪腐病っぽい記録はより古く、1658年！の島根県奥出雲町の記録まで遡る。*5 広島県でも、1697年、大雪で田の麦が腐った、とある。*6 雪腐病は300年以上も前に、当時の人々の耳目にふれていたのだ！ そして、記録はもっと遡ることができる。この私にとって、この空・前・絶・後〜！ 超・絶・怒・涛（もちろんここは、サンシャイン池崎氏風に胸を反り、心の中で読み上げてほしい）の大発見以来、古文書にひそむ雪腐病を捜している。

蘇《よみが》える雪腐

また、「雪腐れ」と送り仮名がついている。

＊3 中村吉治『中世社會の研究』河出書房、1939。

＊4 堀 1934。私家農業談は『日本農書全集 第6巻』農山漁村文化協会、1979に収録されている。ここでは、「北国にてハ麦を蒔て後、其年の冬より春へかけて四朔日雪の中にあれハ麦腐りて凶作なり」と記されている。堀博士は、この書籍だけを取り上げ、ごく簡単にこの事実を綴っている。どのような経緯があってこの論文が発表されたかは不明だ。

＊5 島根県横田町誌編纂委員会編『横田町誌』横田町誌編纂委員会、1968。ただこの記録は、「雪降ル雪消口悪しく麦痛む」と、なんとでも読めるような表現になっている。

＊6 名田富太郎『廣島縣山縣郡史之研究』、名田朔郎、1953。当時の広島県山県郡は、現在の北広島町と安芸太田町に相当する地域。広島県立図書館、名田文庫収蔵の「昭和二十七年原稿」には「三月上石村にて田積雪三尺麦くさる

この〝発見〟に気をよくした私は、さらに全国の豪雪地での記録を探した。その気になって市町村史を開くと、結構見つかるのだ（2018年12月現在、合計120件、図5-1）。私が調べた範囲でもっとも古い記録は、山梨県富士河口湖町、妙法寺記に1538年「去間冬ノ寒ニ大麦ヌケ候而一向無御座候」とさらっと、[*7]次に1631年に宮城県栗原市にて「四月雪降麦腐」と続く。[*8]その後1700年代には全国で記録がある。さらに、今の日本ではほとんど例のない凍結による障害と思われる記録が、1792年、山梨県増穂町であった[*9]（「冬中雪少なく寒さ酷しく麦が抜け出来悪く不作」）。文献調査では、私の知力・体力の限界もあり、活字になった記録を対象としたため、この他にも編集方針により収録されなかった未見の多くの記録があると考えている。[*10]

これらが記録された時期は、小氷期（ミニ氷河期）だったので、現在の豪雪地域よりも広い地域で、多くの積雪があった。今も積雪の多い新潟県では、融雪の遅れによる田植えの遅れを懸念し、水田の裏作を行わない地域が多かった（と言うか、お上の意向を忖度しているのではないか）。[*11]同様の環境である東北[*12]で記録が少ないのはこのためだろう。

私が集めた記録を聞いた師匠は、関西や中国地方で早い年代から雪腐の記録が

（小田武登氏蔵古文書）」とある。上石村は、現在の北広島町。個人的には、同じ著者による『山縣郡巡り道中記』廣陵社、1931が楽しい。

＊7　萱沼英雄『妙法寺記の研究――富士山麓をめぐる戦国時代の古記録』富士高原開発研究所、1962。

＊8　栗原郡教育会編『栗原郡誌』栗原郡教育会、1918。

＊9　増穂町誌編集委員会編『増穂町誌 上巻』増穂町、1977。

＊10　ネットで「雪腐」・「古文書」で検索すると、長野市公文書館の古文書目録にたどり着く。私の知る数少ない一次資料だ。このような試みが広がっていくと、楽しみが増えてうれしい。

＊11　新潟県編『新潟県史 通史編3（近世1）』新潟県、1987。

＊12　酒井 1988。

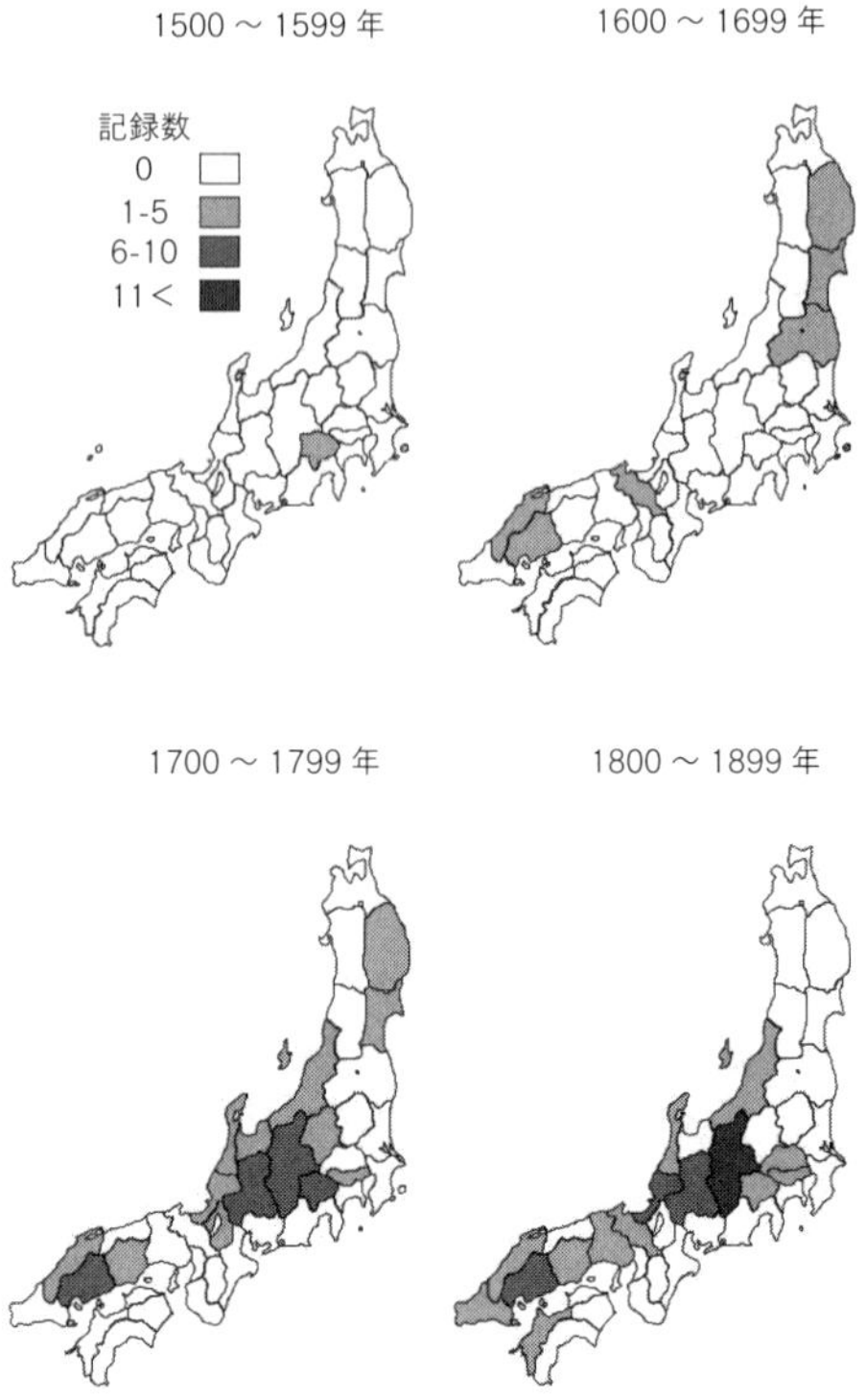

図 5-1　年代別の市町村史などに潜む雪腐病っぽい記録数一覧。記録数は、黒雪さんの菌核の成熟過程をイメージして彩色したと言いたいところだが、未熟な菌核は灰色じゃなく、薄茶だ。

残っているのは、中部以北に比較して雪が少なく安定的な麦作ができたこと、そして大雪で麦が枯れたことを奇異な自然現象と捉え、自家用の食糧不足のため行政に報告した結果が多いと解釈した。すごい、シャーロック、いやマイクロフト並みの推理だ。おまけにこれを発表するとき、「いや、記録を集めたのは星野君なんだから、君の単独でいいだろ。だれでも思いつくことだよ」と言った（だからこの物語も、ワトスン役の私の単名で発表されるのだ）。しかし、私はそんなことはまったく思いつかず、当時の人々が解釈できない自然現象があれば、絶対妖怪の仕業とされていたに違いないと思い、その方面の調査を行っていた。*13

その証言、いただきます

国内の雪腐病研究のパイオニアである卜蔵梅之丞《ぼくらうめのじょう》氏は、著書*2の中で雪腐病の語源や使用開始時期などは不明としている。明確な記述はないのだが、卜蔵氏は、「雪腐」の使用を渋っていたと感じた。現に茶雪さんの病原菌名を「麦類菌核病

＊13　国内の雪妖で、バッチリ雪腐に合っているのはないのだが、土佐お化け草紙の山父《やまちち》には、百人一首【源宗于朝臣（28番）『古今集』冬・315】をもじって「山里は冬ぞさびしさまさりける　一ト目も出たり　くさは枯れたり」と記されている。無理やりこじつけると、これは北欧の霜の巨人族につながっているのかもしれない。

菌」と提唱していた。

私が調べた範囲で「雪腐」の記述は、1721年の山梨県都留市の記録がもっとも古い[*14]。これ以降、（さすが室内体感温度が国内最低と思われる）長野県で10件[*15]、山口県で1件[*16]の記録があった。ただし「雪ぐさり（雪腐り）」として人の凍傷を示した記録[*17]がある一方、麦の「霜焼」を記した記録[*18]もあり、これらの語句は現在よりも幅広い意味で使用されていたことがわかる。なぜ、雪腐は辞書に載っていないのか。やはり江戸や京大阪、長崎などの言葉ではなかったからだろうか。しかし、ミニ氷河期の影響で、都会と雪腐病菌の距離は、（当時アイヌモシリは異国だが）今よりもずっと近かったと思う。なにせ、雪女が東京の青梅市に住んでいた頃だ[*19]。東京都小平市では、1810年に「去冬中より度々之大雪ニ而麦作損亡」との記録があるように、たびたび雪腐っぽい被害が記録されていた[*20]。

1748年、長野県北佐久郡岩村田では、寒気により麦が抜ける現象を「凍《し》みぬけ」と呼んでいた[*21]。同じ呼び名は同県千曲市[*22]・山梨県忍野村[*23]にも残されている。この他「氷腐れ」[*24]、「凍腐《しみぐされ》」[*15]の呼び名があった。卜藏氏も関わった植物病名の統一のための全国調査で、茶雪さんによる雪腐病は、長野県の方言で「シミガレ」

＊14　都留市史編纂委員会編『都留市史 資料編（4）古代・中世・近世I』都留市、1992。「去ル子之暮より当丑正・二月迄大雪降り積り、当村々之儀、山方日影郷ニて麦作悉ク雪腐罷成候」と記されている。

＊15　阿智村誌刊行委員会編『阿智村誌 上巻』阿智村、1984に「田方両毛作無御座候、尤麦作少く仕付候得共年ニハ雪腐ニて取レ不申候」と記されている。駒ヶ根市誌編さん室『駒ヶ根市誌 近世編II』駒ヶ根市、1992に、門屋文書・殿村文書・福沢太一文書として「享保十八年　雪腐・旱損、享保十九年　雪腐・水損」と記されている。大岡村誌編纂委員会編『大岡村誌 歴史編』大岡村誌刊行会、1998に「麦腐《むぎくされ》沖付御書上帳」で畑本田三一五石四斗余のうち、二一九石八斗余が「凍腐之場所」として、また「麦腐沖新田御書上帳」（池内茂久氏蔵）では、八七石五斗余のうち六五石余を「雪腐之場所」として年貢免除を願い出ている。信濃国松代真田家文書 26A/え 00474-002「山中通村々之内麦作雪腐并水損之場所見分御引高積伺一紙」、同 26A/あ 02223「麦作雪腐麦菘土押麻不作

と呼ばれていた。[25] これはおそらく「凍み枯れ」の意味だろう。これらの呼び名は、中国の農書（農業指導書）には見られず、国内で独自に考案された呼称だと考えている。雪腐病菌は大昔、「大雪ニテ麦枯レル」とか記されていたが、やがて多様な呼び名が付いた。そしてなぜか雪腐の呼称が今も使われている。

これらの記録の中には、よくぞ書き残してくださいましたと、転生前なら恐山経由で、転生されているなら退行催眠術を通じて直接？お話ししたい方が少なくとも2人いる。

茶雪さんも生き物なので、麦を枯らすには2カ月程度の雪の下での活動期間が必要だ。広島県北広島町の壬生八幡神社の神官、井上定吉さんは、1732年の覚書に「麦は五〇日くらい雪の下にあったものはあまり腐らなかったが、五〇日を過ぎたものについては大部分腐った」（現代語訳）とそのものズバリの記述を残している。[26] この他、いろいろと工夫をして雪けしをしたと書かれている。

これを初めて読んだとき、井上様、なにしたんですか!!?と思ったが、同様の記録を読み続けて、たぶん融雪の意味も込めて、灰か肥《こえ》を撒いたのだと今は想像している。同時期の農書、『耕稼春秋』巻三之上に「年内大雪降て雪三ヶ月其あれ

畑方干損御手充被下印判帳」」、長野市公文書館蔵（丸田家文書）古151-111「乍恐以書付御訴奉申上候（代官所他宛和佐尾村三役人麦作大雪による雪腐れにつき申上）」、同 古151-112「乍恐以書付奉願上候（代官所宛和佐尾村名主和左衛門他　麦作雪腐につき見分願）」、同 古151-157「乍恐以書付御訴奉申上候（代官所宛和佐尾村名主作左衛門他　麦作雪腐につき申上）」」、長野市公文書館蔵複2-254.014「乍恐以書付御訴奉申上候（畑方大小麦作り雪腐れ難渋御救い願　瀬脇村）」」と記されている。

＊16　金谷 2017。原典は、1840年代～1881年に編纂された防長風土注進案。

＊17　氏家 2015。

＊18　富士吉田市史編さん委員会編『富士吉田市史 史料編第3巻近世Ⅰ』富士吉田市、1994 に「当春中富士山江不時ニ雪降、其上大霜度々ニ而、桑・麦作等霜焼仕、難儀至極仕（旱魃・大霜のため凶作につき九カ村年貢延納願書）」と記されている。

は必麦腐りて半分もなし」（1709年、石川県金沢市）や農事遺書に「大雪ニテ三月ノ節ニモ消ズ、且ッ消様悪シケレバ麦腐ル者ナリ。俗ニモ三朔日ニテ腐ルト云リ」（1709年、石川県加賀市）との記述がある。

岐阜県揖斐川町の中嶋家の文書に、1862年「当春別して大雪根元より麦枯れ黒穂多く凶作御達奉申上」と記されている[*27]（傍点は筆者追記）。「黒穂」は、第3章で紹介した植物などの穂に糸状菌が感染する黒穂病の記述だ。融雪直後なら、麦がすぐ穂を出すことはないため、この黒穂はガマノホタケの菌核だ！　岐阜県立図書館でこの記述を目にしたときは、ただちにひらめくこともなく（だから私は皆からボンクラと思われている）、なにやらもやっとした気持ちで複写したが、帰りの新幹線の車中、五平餅食べたかった……と思いながらこのコピーを眺めていて、不意に「黒穂」＝菌核？と思いつき、ビールにむせた（傍目には、飲み過ぎで誤飲したおじさんが、その後興奮気味にブツブツつぶやいている極めて危ない状態だ）。

ただ、なまぐさ黒穂病菌は、積雪下で感染が進行し葉枯れを起こす。この記録が融雪後から収穫時までの全体を記述したのなら、黒穂病菌が原因かもしれない（この説も私の話を聞いた師匠の考えがもとになっている）。かなうことなら、実際目にしたのはどちらだったのか（あるいは当時は、黒雪さんがいたのか）伺ってみたい。

＊19　大澤 2005。ここでは、小泉八雲著『怪談』序文の記述を含めフィクションの可能性を指摘している。しかし、山口敏太郎『江戸武蔵野 妖怪図鑑』けやき出版、2002 には、雪女の舞台となる設定が青梅にあることを示している。また、雪女は雪神として、オシラ様・田の神との関連を考察している。となると田麦を枯らす雪妖は、また別だろう（↑まだこだわっている）。

＊20　小平市中央図書館編『小平の歴史を拓く下 史料集解題編 第18集 村の生活4（事件・事故・訴訟（補遺）、御門訴事件、村役人・村政、結婚・相続・褒章、興行・行事、災害・救済）』小平市中央図書館、2009。

＊21　北佐久郡志編纂会編『北佐久郡志 第2巻』北佐久郡志編纂会、1956 に「寒気のため麦が抜けるので種を多く入れる：いわゆる凍みぬける分を余計にまき付けている（御領内惣括大意差出帳）」と記されている。

＊22　戸倉町誌編纂委員会編『戸倉町誌 第2巻 歴史編上』戸倉町誌刊行会、1999 に「寒気が強く、

また、明治に入ってから1870年にも「山中横山村ハ午冬より大雪ニて麦根元くさり、少々残り候麦生立悪敷其麦ニ赤キ病附」と紅色雪腐病菌（*Microdochium nivale*）と推定される記録が、中嶋家には残されている。田畑の状態をしっかり確認するように、代々受け継がれてきたのだろうか。

私が知る中で、病原菌まで推定できる事例は、この2件のみだ。

雪腐という災厄

雪腐病の記録を探していると、天保の飢饉（1833〜1839年）の記録にたびたび巡り合った。ネットで古文書記録を探す中で見つかったエッセイ[*28]を何気なく読んで、（それも職場の昼休みに）泣きそうになった（これは、おじゃる丸の神回、木下氏のエピソード以来の不意打ちだ）。

当時、広島県北部では、4人に1人が亡くなった。飢饉は体力のない子供から襲うと漠然と思っていたが、戸河内《とごうち》村才中得《さいなかえ》の記録を見て驚いた。21軒で20人の

田麦がひどいしみぬけ（凍害）のため、二月二十一日に麦の蒔きなおしをした」と記されている。

＊23　忍野村編『忍野村誌 第1巻』忍野村、1989に「寒暖不順之土地柄ニて麦作等少々宛相仕付候も凍抜難レ保秋作一毛之場所」と記されている。

＊24　長野市誌編さん委員会編『長野市誌 第4巻（歴史編 近世2）』長野市、2004に「暮れから春にかけて格別の大雪が積もったため、麦が氷腐れになった」と記されている。

＊25　農林省農務局『病害虫分布調査 第2編』農林省農務局、1929。シミガレと今は呼ばれていないのかもしれない。先日、機会があって筑波大学の菅平生き物通信にこのことを書いたが、全く反響がなかった。隣の味噌玉の記事が大反響だったことを考えるといろいろな意味で残念だ。

＊26　千代田町役場編『千代田町史 通史編（上）』千代田町役場、2002。原文は「享保十七壬子十一月十四日晩ゟ雪降り積り、明ル正月廿日此迄有之麦大分くさり候、

主人をまず失っている。戸河内町史の編纂に関わった今田三哲先生は、一家の大黒柱が、危機の中、家族のために奮闘し、力尽きる凄惨な状況を記している。古文書の記録から、当時の人々の暮らしを生き生きと再現するさまに、郷土を愛する文系の力を感じる。自分ではこのエッセイの魅力と迫力を伝える筆力はないので、皆さんにも是非、読んでいただきたい。

私は四半世紀にわたり、雪腐病菌の性質を解明し、これを日本の鉱工業に役立てるとうそぶいていることも先に示した。無用に熱い菌語《きんがた》り（筆者造語、商標Ⓡ未登録）で、他人から馬鹿だろと心底呆れられても、病原菌を好きだなんて人類の敵だ！と後ろ指をさされたことはない。私は見かけ通りの常識人なので、これを疑問に思っていたが、今田先生のエッセイを読み、自分なりに腑に落ちた。

その昔、稲刈りの後には、田んぼに麦を植える習わしがあった。そして米は年貢に取られても、麦はほぼ農家の収入になった。だから大雪で雪腐病菌が麦を枯らすと、家計は相当ヤバくなる。そして飢饉で集落が崩壊するような一大事に「雪腐病菌が大好きハアト《ここは江戸時代の人はわからないな》」なんてほざいたら、ただちに捕縛され、磔獄門《はりつけごくもん》間違いない。

尤其内各々色々種々仕雪けし申候、麦五十日くらい迄雪の下ニ有之候而ハあまりくさり無之候、五十日過候得者大分くさり、尤寒入十一月廿日せつ季十二月廿日（井上定吉覚書：享保18年・壬生・井上就吉氏蔵）」と記されている。はあ、やっと「ゟ《より》」を出せた。古文書を読むまで日本語にこんな文字があるのを知らなかった。今ならキリル文字の〝Б〟の誤植と言われてもおかしくない。

＊27　藤橋村『藤橋村史 上巻』藤橋村、1982。私が調べた範囲で、岐阜県の雪腐っぽい記録は、２０１８年11月現在14件存在する。そのうち13件が藤橋村史 上・下巻に掲載されている。岐阜県を雪腐の記録大国に押し上げた編者の方々にお礼申し上げたい。

＊28　今田 2007。「「天保の飢饉」に思う」と題されたエッセイはネットで公開されている。http://ichimon.main.jp/no71/13.html（参照 2019-05-31）

＊29　昭和12年1月に刊行された遠藤茂『食用作物の病害』明文堂には、雪腐病防除のポスター（図5-2）を紹介している。ここで

江戸時代からつい20年ほど前まで雪腐病菌は、重要病害だった。[*29] しかし現在、雪腐病は農薬で（金はかかるが）ほぼ防ぐことができる。病気に罹《かか》りにくい品種もある。そのため雪腐病は毎年発生するが、餓死する人はない。人と菌の間である程度の折り合いがついたとも言える。そんな時代だから、病原菌を新たな資源とする私の研究が受け入れられるのだと思う。私のようなボンクラの生業《なりわい》にも、先人たちの汗と涙の歴史が反映している。

飢饉による農民の逃散も多く記録されている。宗門改による戸籍制度をもった日本では、失踪→即無宿人となる。想像力の乏しい私は、飢饉によって土地を離れた人々が、その後どうなったのか、思いをはせることができなかった。それがたまたま、広島県の地名と地図に惹かれて手に取った文庫本に驚くべきことが書かれていた。『幻の漂泊民・サンカ』（沖浦和光、文春文庫）には、サンカと呼

図5-2 福島県の作成したポスターの写し絵。同様のポスターは、『病虫害雑誌』第21巻（1934）にも掲載されている。写真はいずれも白黒で、オリジナルの彩色は不明だ。いろいろと探しているのだがわからない。ご存じの方がいれば情報を求む！

ばれた、定住せず、川漁や箕作《みつくり》などを生業とした人々（の一部）は、天保の飢饉によって中国地方などで生じた難民を起源とする説が示されていた。[*30]

雪腐病菌は悪天との合わせ技で、過去にジャガイモ疫病菌並みの災害を起こした極悪非道の凶悪犯だった。少なくとも3世代以上にわたって人々の暮らしに大きな影響を及ぼした原因の一つなのだ！　あまりのスケールの大きさに言葉が出なかった。卜藏氏は、雪腐の記録が古くから残されている島根県奥出雲町の出身だ。[*31] 彼が雪腐の名を使いたがらなかったのは、郷里の不幸な歴史を思いやってのことかもしれない。でもそのことはどこにも記述が残されていないので知る由もない。

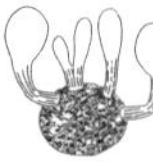

立ち尽くすだけが人ではない

幾度も起こる被害に対して、少数だが対策もある。栽培法として、「寒気のため麦が抜けるので種を多く入れる」[*21]、「田畑共に馬ごやしをあまりに厚くかけてお

は、「雪腐病の絶滅を意気込む東北地方」と書かれている。初めて見たとき、なんて大げさなと思っていたが、たしかに過去の被害を考えるとそうなるなと独り言ちた。ちなみに札幌の古書店で入手したこの本には、「渡島支場への赴任を前にして、*T. Hoshino.* 1937 □t. Fukido, Sapporo」とある（□は判読不能）。期せずして70年後に名前のイニシャルと姓が同じ私が入手した。不思議な縁を感じる。

＊30　この学説は、三角寛サンカ選集第6巻『サンカ社会の研究』現代書館、2001 の沖浦氏よる解説が初出となる。当然、異論もある（谷川健一・大和岩雄編『民衆史の遺産 第1巻 山の漂泊民：サンカ・マタギ・木地屋』大和書房、2012）。サンカを巡る研究は、礫川全次『サンカと三角寛――消えた漂泊民をめぐる謎』平凡社、2005 にまとめられている。

＊31　卜藏梅之丞『卜藏七十年の回顧――喜寿記念』卜藏梅之丞、1963。

くと大雪のときに麦がくさるから注意」する、[32]「ばら蒔という蒔き方の麦は余程よく、雪の上へ糞、既糞などかけたのは殊に腐った。小麦　大麦よりも腐れ方が少ない、田麦の方は畑より余程吉」[33]、「麦ハ山から蒔、麻ハ里から蒔と俗諺あり。尤也。山ハ麦腐ゆへになり」（1795年、石川県志賀町、『農業開畬志』）、早期の融雪を期待して畦蒔きを推奨（1684年、福島県会津若松市、『会津農書』中巻）の記述がある。

『会津農書』には有名な「歌農書」という付録がある。これは同書を読めない農民向けに容易に覚えられるよう、和歌により解説?したものである。その中に雪腐は出てこないが、同じ趣旨で1827年、福井県美浜町で書かれた『一粒萬倍耕作早指南種稽歌』にある「ミぞの雪　水に踏《ふ》けし　畦なるを　かきおろしふめ　麦ハくさらず」（田の排水をよくすれば雪腐なし：意訳）の一句は、現時点でもっとも古い、雪腐病対策のスローガンである。

島根県三瓶南山麓では、200年前より灌漑による麦栽培が、最大で圃場《ほじょう》面積約100平方メートルの規模で行われていた。島根農科大学の高野圭三教授は農家からの聞き取り調査により、「圃場に水が掛かると雪が積もらなくなり、雪腐病から免れることを偶然知り、積極的に灌漑し、その結果麦作が比較的安定し

＊32　上田小県誌刊行会『上田小県誌 第2巻（歴史篇下）』小県上田教育会、1960。

＊33　坂城町誌刊行会編『坂城町誌 中巻（歴史編1）』坂城町誌刊行会、1981。

てきたことから、この慣行まで発達してきたものと伝えられる」と記している。[*34]

雪腐病に対して抵抗性をもつ品種栽培に関する記述も存在する。石見浜田藩では、１８０２年「寒冷の地である当組は、麦が出来ない。切角《せっかく》種を蒔《ま》いても、冬期中根雪に推されて、麦が腐ってしまうからである。藩ではこの点に考慮し、雪霜にもよく耐える麦をと、かれこれ穿鑿《せんさく》した結果、享和二年信州からこれに適する、小麦苗を取り寄せて、当組に種を配布した」（美濃地家文書）。[*35] また、粟についても１８４６年に同様に試み、これはうまくいかなかったとある。これらの記録から当時の人々が、雪腐病を菌類による病害と認識していたかどうかはわからない。ただ、栽培環境や作物の種類・品種により被害が異なることは理解していた。私たちは旧態依然と思われる出来事に対して、つい江戸時代かよ！と愚痴りたくなる。でも当時の人々が知恵と経験を絞りに絞って生きる姿をディスる気はしない。

この後、第二次世界大戦中に陸軍登戸研究所では、雪腐病菌（菌核）を生物兵器として開発していたとある。[*36] にわかには信じられないが、菌核のある雪腐病菌であの時代ならガマノホタケに違いない。登戸研究所は、風船爆弾の開発で有名

＊34　高野 1955。高野先生のご専門は、栽培学だからだろう「水麦の起原について古い資料が見当らないのでやむなく当地の伝承を紹介するに止めた」とあるが、民俗学的な手法を導入した優れた研究だと思う。少なくともこの論文がなければ、今は失われた灌漑による雪腐病防除の事実はなかったことになってしまう。

＊35　矢富熊一郎『石見匹見町史』島根郷土史会、1966。引用された古文書には、「此度信州御領地より」とあり、１７９２～１８２２年および１８３６年のみ石見浜田藩に属した長野県高山村小布施町の一部・長野市の一部（古川 1998）から早麦と呼ばれる品種を取り寄せたと思われる。同様の記録が１７３９年、近隣の高井郡田上村（現在の長野県中野市）に残っている（長野県『長野県史 近世資料編 第8巻 2 北信地方』長野県史刊行会、1976）。早麦は、早生品種なのだろう。なぜ早生品種が必用なのか？　まだまだ調べることが残っている。

＊36　伴繁雄『陸軍登戸研究所の真実』芙蓉書房出版、2001。

だが、怪光線の兵器化や偽札など、かなり胡散臭い研究も行っていたのだが……さらに中国で小粒菌核病菌の散布実験を行ったとある。小粒の菌核って！　まさに黒雪さんだろ！　これはもう寝耳に水どころか、寝耳にミミズのレアハンバークを突っ込まれたくらいの衝撃だ。地味で目立たぬ菌と思っていたが、過去に悪事に加担したことを気にしてひっそり生きているのかもしれない。

一時的に脳内がショートするほどの興奮が冷めた後、再び読み直すといくつか疑問が出てきた。大概の植物病原菌は、人に対する害はない。しかし、食糧を減産させる働きがあるので、相手にボディーブロー的な効果を与えるのだが……大して寒くもない湖南省の水田に、小麦の雪腐病菌を撒いても効果はないだろう。これは、だめとわかってもやる消極的な反戦運動なのだろうか？　さらに文献を読み進めると、当時、技手だった松川仁氏の手記を引用した中に、小麦の病原菌として雪腐病菌があった。また、中国で散布された菌は、稲の小粒菌核病菌（これもキノコだ）で、菌違いだった。ホッとしたが、でも残念なような複雑な気分だ（こう考えること自体、研究者の暗黒面だと思う）。

より詳細を知るために明治大学生田キャンパスにある平和教育登戸研究所資料館の「キノコ随想」と題した開発者の手記を見ても、私が一番知りたい雪腐病菌は、この手記に一度！しか出ていなかったorz　やはり、ここでもマイナーか……。

しかし、植物病原菌の散布実験の詳細が記されていた。自分の担当する菌でもないのに、なんで俺がとボヤキながら行ったことや、はじめから大した結果は出ないと思っていたこと。しかし立場上、現場では言い出せなかったこと。さらに敵陣の解放区に散布し、結果がわからなかったことが書かれていた。これは少しでも相手に被害を与えようとも、結果をウヤムヤにしようとも取れる。いずれにせよ実験としてかなり問題がある。消極的な反戦運動ではなかったが、お役所仕事と言うか、かなり似た状況だったようだ。いずれにせよ、生物兵器としての雪腐病菌の開発は失敗し現在に至る。

しかし、黒雪さんや茶雪さんは、完全に〝光落ち〟したわけではないだろう。私のこれからとこれまでのショボい活動も雪腐病菌と人との折り合いをつける一助になればと改めて思う。

第 6 章

寿命のない菌類の世代交代

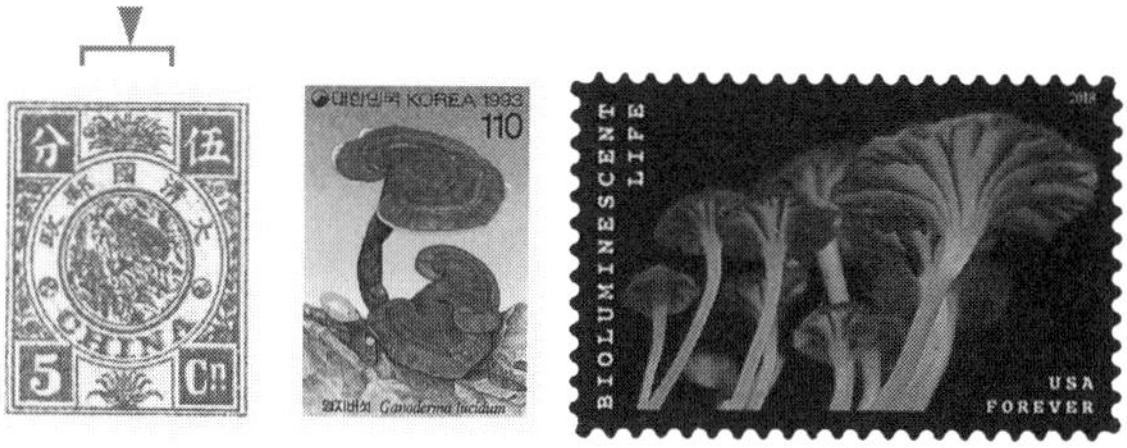

【切手紹介】長寿の象徴と言えば鶴亀だが、菌類ならばマンネンタケ・霊芝（*Ganoderma lucidium*）だろう。**左**：世界初のキノコ切手である清（1894 年）の西太后生誕 60 周年記念切手には、瑞祥として霊芝がデザイン化されている（中央上側の矢印の個所）が、そう言われてみるとそう見えなくもないくらいわかりにくい（ただでさえ小さく、そして 100 年以上経過しているので擦り切れている。このため実物ではなく、ここではレプリカを掲載したが、これでもわかりにくい[*1]）。やはり、マンネンタケと言えば、**中**（韓国、1993 年）くらいでないとね。最近、米国ではフォーエバー切手が多い（**右**）。これは一度購入すればその後、郵便料金が変わっても同じように永久に使用できる無額面のもの。ここにもキノコ図案がある（種名はおそらく担子菌類ホウライタケ科 *Gerronema viridilucens* だと思う、2018 年）。

死なない奴ら[*2]

私たちが目にする生き物の多くは、寿命がある。日本に生息する生き物でも、はかないものの代名詞で、成虫の寿命が30分！程度とかいくらなんでも短すぎるカゲロウ[*3]から、7200年は生きているとの主張もある縄文杉[*4]まである。

菌類の細胞も寿命をもつことが知られている。例えば酵母。単細胞の、（環境変化など）よほどのことがない限り、ぼっちを謳歌する酵母がわかりやすい。子嚢菌類・担子菌類にもあまた酵母が存在するのに、いの一番に思いつくのは、やはりパンや酒造りに活躍する *Saccharomyces cerevisiae* だ。

出芽酵母とも呼ばれるこの種は、親細胞の先端が膨らみ、やがてこれが親のコピー（＝クローン[*5]）である娘細胞《むすめさいぼう》になる。無事、細胞分裂（＝無性生殖、基本的にこの生き方は、有性生殖をもたない細菌やアーキアと同じ）すると、親細胞に〝出芽《しゅつが》痕《こん》〟が1つできる（図6－1）。出芽痕から再び娘細胞を生むことはできない。だか

＊1　通常、切手のレプリカは贋物として扱われて郵趣家が取り上げることは、まずない。前章で取り上げた、サンカと呼ばれた人々に対して、沖浦和光氏は同じような立場である木地師《きじし》（木工品を加工・製造する職人）や家船《えぶね》（定住せず、持ち船で移動する漁民）の人々がもつそれぞれの来歴や権利を示す書物がないことも、サンカと呼ばれた集団の成立が近世以降である理由の一つに挙げている。これら書物の内容は、現在偽史とされるが、それぞれの集団が生き残るため作成されたものだ。数多くのサンカに関する記録を残した三角寛氏の一連の書籍もフィクションとして否定する向きもあるが、歴史が浅く、差別されていたサンカの人々が自らの来歴を創造しようとした試みの一部ともとれる。

このように贋物もそれを作る理由があることを考えれば、各自の判断でコレクションの対象に加えてもよいと思う（このへんの件は、北森鴻・浅野里沙子『天鬼越　蓮丈那智フィールドファイルV』新潮社、2014収録の表題作の影響を受けているかもしれない）。ちなみにキノコ切手でもソ連崩壊後、大量に切手らしきモノが発行されている。

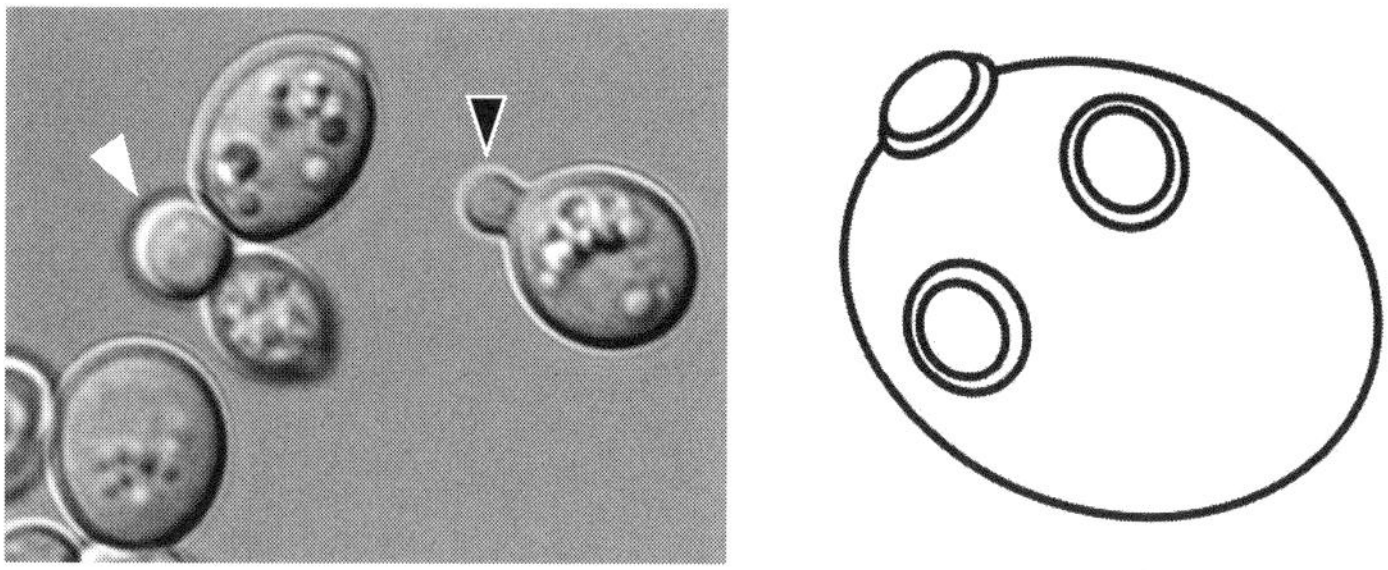

図 6-1　酵母出芽の様子。左：サトウキビの搾《しぼ》りかすについてきてうちの子になったブラジル出身の耐熱性酵母 *Kluyvermyces marxianus* DMB-1 株。黒矢印はまさに出芽が始まったところ。娘と親がほぼ同じ大きさになったところで分裂する（白矢印）。光学顕微鏡ではあまりわからないが、娘を生むと痕（出芽痕）ができる（このイラストでは 3 個の出芽痕を示している）。詳しくは、大隅良典先生と下田親先生の『酵母のすべて――系統、細胞から分子まで』丸善出版、2012 を参照していただきたい。

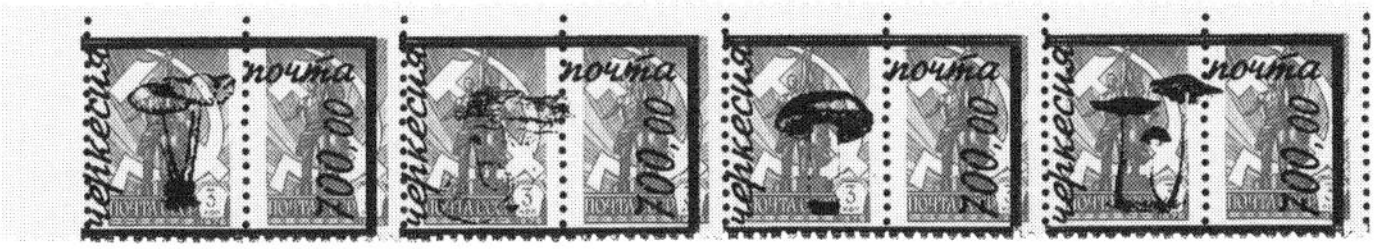

写真 6-1　ロシア連邦カラチャイ・チェルケス共和国？のキノコ“切手”。土台となる切手はたしかにソ連のもの。これに何者かが加刷して作成。同様にさまざまなテーマ（図案）のものが多数作成された。キノコの学名とかその土地での呼称など入っていたらよいのだけどなぁ。

ら親細胞は順調に生活していても20回ほど細胞分裂をしたら、痕だらけになってもう娘を生めず、寿命を迎える（これは複製寿命と呼ばれる）*6。

しかし、親細胞が寿命を迎えても（彼らが天に召されるのかは不明）*7、親のコピーである娘細胞は生きている。彼女たちはまた、それぞれに娘細胞を生む。つまり、酵母は天変地異や強力な天敵の出現などなければ理論上は不死の存在といえる。これは他の菌類でも同様だろう。

また、菌類は自分たちの環境が成長に不適になると互いに交配など（有性生殖）して胞子を作り、次の好機に備えることがある。有性生殖によって親同士の遺伝子が掛け合わされ、子である胞子それぞれは親とは違った個体になる（親子は似てはいるけど、同じじゃないのは人も菌も同じだ）。次に胞子たちが活動する環境が親たちの生きた環境とまったく同じとは限らない。有性生殖は、前の環境で生き残った親を基に性質の少しずつ異なる子供たちを生み、これに次の生き残りをかける仕組みだ。また、遺伝子がコピーされるときにミスが入ったり、突然変異や水平伝播（**第4章参照**）などにより、今までにない性質も追加される。

こうして有性生殖をもつ生物は、世代を経るごとに少しずつ変わっていく。個

*2　ほぼ同じタイトルの長沼毅『死なないやつら――極限から考える「生命とは何か」』講談社、2013の第2章は、極限環境に適応した細菌を紹介している。

*3　増渕&塘 2014。本来寿命と言えば、誕生から死亡までの時間だと思うのだが、生活史のステージで大きく形態や生態が変化する生物では、完全な生活史の全貌がわからず、一部分（成虫だけとか）が切り出される。菌類だと、その名の通りヒトヨタケ（一夜茸）だ。キノコは次世代を残すための器官なので、キノコが融けてしまったからと言って、菌が寿命を迎えたわけではない。

*4　縄文杉の年齢に関しては、九州大学の真鍋大覚博士が開発した屋久杉の成長曲線（真鍋・川勝 1968）による計算結果である（町報かみやく 1967、上屋久町郷土誌編集委員会編『上屋久町郷土誌』上屋久町教育委員会、1984）。異なる見解も存在する（環境庁保護局による屋久島原生自然環境保全地域調査報告書、1984では6300年以下説を示している）。

体に寿命をもつ生物では、姿かたちが変わることで、新たな生物の集団が生まれたり、[*8]なくなったりする。生命は、細菌・アーキア共通のご先祖様から始まって、人やガマノホタケたちまで姿かたちを変えて受け継がれている。

1万年生きた菌

担子菌類であるガマノホタケの胞子から生じた一核菌糸は、互いに接合して二核菌糸になることは第2章で紹介した。また、一核菌糸は、同種の二核菌糸と巡り合うと、核を1ついただいて二核になる。同種の二核菌糸同士が出会い、互いを認識すると固まってしまう（図6-2の北海道枝幸町出身の黒雪さん *Typhula ishikariensis* と札幌市出身の黒雪さんあるいは、ロシア・ユジノサハリンスク市出身の黒雪Bさんのお見合い場面）。多くの場合、異なる個体である菌糸同士が接合すると、拒絶反応で互いに細胞死が起こる。このため同じ畑に黒雪さんや茶雪さん *T. incarnata* の個体が多ければ多いほど、牽制して病気が起こりにくくなる。[*9]

＊5　クローンと聞いて羊のドリー（世界初の哺乳類の体細胞クローン）とか、スター・ウォーズとかを想像する方も多いと思うが、実は私たちのそばにすでに存在している。例えば、桜の品種であるソメイヨシノは、2種の桜を掛け合わせた優れた性質をもつ雑種なので、種子ではその形質を引き継ぐことができない。このため1本の親木からの接ぎ木をして増やしたと考えられている。

＊6　水沼&平田 2011。

＊7　古くは人とベニテングタケは同族とされていたこともある（荻原眞子『東北アジアの神話・伝説』東方書店、1995 に収録の「チェリクトフとベニテングダケ娘」）ので、熊・狼・ワタリガラスなどと共に、菌類もまた同じ世界に転生されると思う。「きのこ擬人化の歴史」は、https://togetter.com/li/503416 にまとめられている（参照 2019-05-31）。

＊8　新たな種の誕生には長い時間が必要と考えられていたが、世界最古のロンドン地下鉄に閉じ込められた蚊は、100年程度の短い時間で変化したと考えられてい

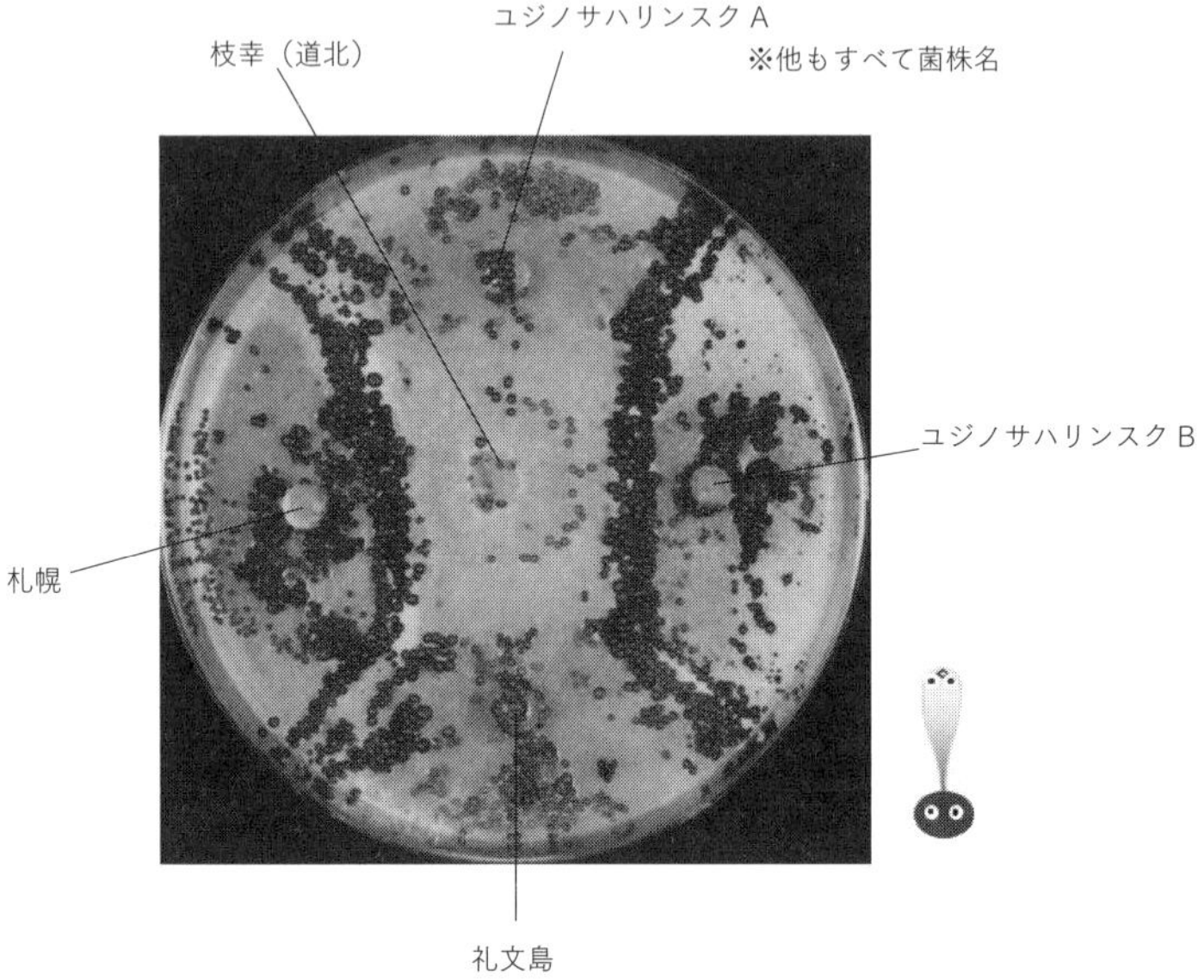

図6-2　黒雪さんは自分と他菌を識別する。異なる場所で採集した5株をオートミール寒天培地で培養した場合、札幌株とユジノサハリンスクB株は周囲の菌株と接触するとそこに大量の菌核を形成して、そこから先には進出しない。一方、枝幸・礼文島・ユジノサハリンスクA株は融合して、一つになっている。

る（Byrne & Nichols 1999）。昆虫もすごい！

＊9　Årsvoll 1976.

松本直幸師匠は、黒雪さんの二核菌糸間の融合は人の臓器移植と同じで、自分自身や親姉妹以外で相性の合うものがほとんどないと語った。しかし、北海道には、スーパーMCG（mycelial compatible group：菌糸和合性グループ）と呼ばれる、ほぼ全道に分布する菌株がいるのだ（図6-2の枝幸・礼文島に相当する）。[*10] そして私がロシア人の相棒であるオレグ・B・トカチェンコ博士とサハリン島で採集した菌株の中に、北海道のスーパーMCGと何食わぬ顔？で融合した菌株がいた！

北海道とサハリン島は、国境以外に宗谷海峡によって隔てられている（国際的な名称は、ラ・ペールズ海峡とこじゃれた名がついている）。宗谷海峡は比較的浅いので、過去の氷河期に陸地に積もった雪がとけず氷河となって残ると海水面が下がり、たびたび二つの島は陸橋でつながった。直近では約1万年前になる。そして大はマンモスやらオオツノジカ、小は今も大雪山系に残るナキウサギたちがこの陸橋を使って南下したと考えられている。また、地面に踏ん張っているイメージの強い高山植物や、はては菌類たちもこの陸橋を渡ったらしい。風呂場に住み着いているカビたちがしぶとく、どこからともなく現れるのは皆ご存じだが、キノコの胞子はそう遠くへは飛ばない。[*11] というか飛んだ先が生活に適していないとこ

＊10 Matsumoto *et al.* 1996; 2000; 星野＆切明 2003。

＊11 Peay & Bruns 2014.

ろでは、長くは生き残れないようだ。特に黒雪さんの胞子は、ほとんどは親であるキノコの周りに残っている。[*12] と考えると、北海道とサハリン両島に分布するスーパーMCGは、1万年以上生きている個体なのだ！（両島の地史：北海道とサハリン島がつながった時期を考慮すると最大7万5000年前まで鯖を読むことができる。）

北米のナラタケの一種 *Armillaria bulbosa* は、菌糸成長から計算すると2500歳で、一つの菌糸体でシロナガスクジラ3頭分、陸上生物最大の440トンの重量・965ヘクタールの面積を占めることが知られている。[*13] また、岩塩に閉じ込められた細菌 *Bacillus perminans* では、2億5000万年前とか気の遠くなる過去から来たモノがいる。[*14] 私は菌類が好きなので少しだけ肩をもつと、黒雪さんのスーパーMCGやナラタケのすごいところは、それぞれの種内でよっぽどその土地で成功したのだろう、毎年活動し、有性生殖によって生じる新蕈《じん》たち（キノコならば人ではなく、蕈：キノコの意が適当だろう）のチャレンジを退け続けて、生き続けていることだ。[*15]

＊12　Cunfer & Bruehl 1973.

＊13　https://www.smithsonianmag.com/smart-news/mushroom-massive-three-blue-whales-180970549/（参照 2019-05-31）
北海道でボリボリと呼ばれるナラタケ（*Armillaria mellea*）は、つい20年ほど前まで一つの種と考えられていたが、交配や遺伝子解析により隠ぺい種と呼ばれる複数の種から成り立っていることがわかった（Ota *et al.* 1998）。現在のナラタケは、この中の *Armillaria mellea* subsp. *nipponica* だ。

＊14　Vreeland *et al.* 2000.

＊15-1　以前この話を聞いたビートたけしさんは、「落語界そのものも古今亭志ん生を超すような人間が出ない限り、バージョンアップができないようなものかな（笑）」と仰った（引用ママ、ビートたけし『たけしの面白科学者図鑑 地球も宇宙も謎だらけ！』新潮社、2017）。

＊15-2　スーパーMCGの交配型は、他の交配型や茶雪さんとの競争に強いことが知られている（Matsumoto & Sato 1983）。

離れたら、別の菌

一方で、茶雪さんはどうかと言うと、私が知る限りたった2つの例外を除き、どこで採集した菌株もよく似ている。ガチの北極圏グリーンランドでも、[16]少し下れば砂漠になるイランの山岳地帯でも、[17]もちろん日本や欧米で採集した菌たちも、培養すると、皆そっくりだ。[18]

しかし、師匠が日本各地（北から順に名寄、札幌、富山、山口）で採集した茶雪さんでキノコを作らせると、人工条件ではそれぞれの菌株に差はないが、晩秋に野外：つくば市（当時の師匠の勤務地）に菌核を放置したところ、積雪が多く安定した（積雪期間を菌が予測しやすい）場所に棲む名寄・札幌産株は、45日後にはその半数がキノコを作った。一方、富山産株はより少なく、山口産株に至っては約2割しかキノコを出さなかった。[19]積雪のほとんどない山口の茶雪さんは、用心深いことがわかる。そりゃそうだ。菌糸じゃ暑くて生き残れない夏を菌核で乗り切り、

＊16　Hoshino *et al.* 2004.

＊17　Hoshino *et al.* 2007.

＊18　茶雪さんも以前は、さまざまな名で呼ばれていたが、Anne Marte Tronsmo博士の2代前のH. Röed博士が北欧・日本・北米の菌株を集め、交配試験を行い、1種であることを明らかにした（Röed 1969）。黒雪さんは、部分的にしか交配しないので意見が割れる（大過去の経緯はMcDonald 1961にまとめられている）。

＊19−1　Matsumoto *et al.* 1995. 和文の解説が松本 2015 にある。

＊19−2　菌核からの発芽速度も異なる。Maraite *et al.* 1981.

キノコを出すことは、胞子を飛ばし自らの陣地を広げる重要なイベントなのだ。

茶雪さんの中で形まで変わったヤツがいる。中欧ポーランドで採集した茶雪さんがどの温度を好きなのか調べていて驚いた。菌糸の成長がもっともよい10℃だと他の産地と差がないのだが、０℃で作る菌核の数が半端ない！[20]　９センチシャーレに、普通の菌株ならば通常１００個くらいなのだが、なんと８００個もの菌核を作る（写真6-2）。黒雪さんにも小さな菌核を作る交配型（var. *canadensis* や日本の biotype C）がいるが、彼女たちは常に小型の菌核を作り続ける。私が知る範囲で、茶雪さんでこんな芸当ができるのはポーランド産株くらいだ。なぜポーランドの菌株は、こんな能力をもっているのだろうか？　ここからは、直接の証拠はないのだが、私の見解を聞いていただきたい。

過去、かの国には茶雪さんのみならず、黒雪さんも分布していた。[21] ただ、私が黒雪さんを探しに行ったときは、さっぱり巡り合えなかった。残念がる私に対して、当地で雪腐病菌も研究する Maria Prończuk 博士はこう言った。

「タモツ、最近ポーランドでは雪腐病が出るほどの雪は降らないのよ」。

つまり温暖化によって降雪が少なくなり、黒雪さんは、ポーランドから消えてしまったのだと思う。過去に黒雪さんが報告されているドイツ[22]やチェコとスロバ

＊20　Hoshino *et al.* 2004.

＊21　Dynowska 1983.

＊22　Andres *et al.* 1987.

ポーランド産株　　　　　　ロシア産株

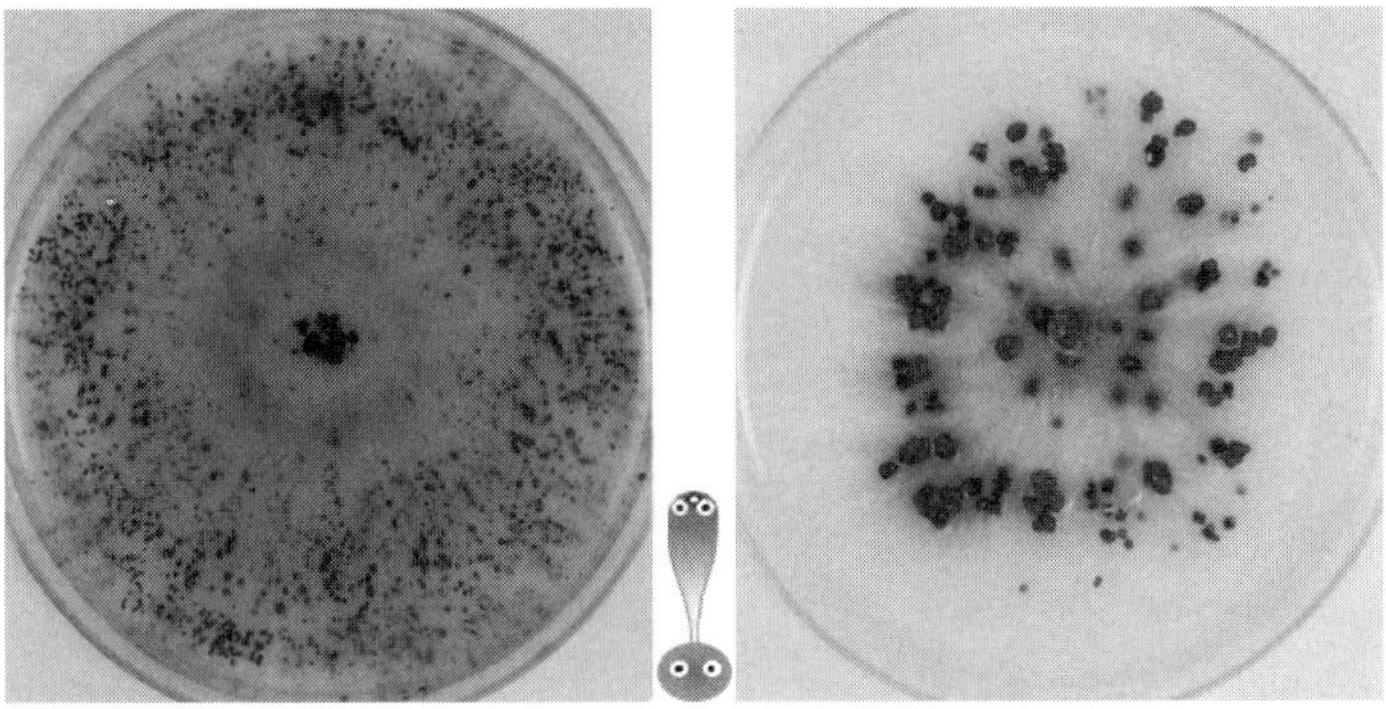

写真 6-2　ポテト・デキストロース寒天培地、零度で培養した様子。T. Hoshino, M. Prończuk, M. Kiriaki & I. Yumoto（2004）Effect of temperature on the production of sclerotia by the psychrotrophic fungus Typhula incarnata in Poland Czech *Mycology* 56（1-2）: 113-120 を基に作成。

キア[*23]からも最近まったく知らせがない。オレグも最近、ウクライナのキエフ[*24]では黒雪さんを見ないとぼやいていた。

　黒雪さんほど積雪期間を必要としない茶雪さんも、雪のないのは困るし、寒くなる時期がずれると他の地域の菌と胞子を通じた交流ができなくなるのだろう。おそらく、ポーランドの茶雪さんは、もっとも近いスイス・チロルなどアルムの菌株との交流から隔離され、今の場所に合わせたメガ進化？が短期間で起きたのかもしれない。

　温暖化によって、黒雪さんはポーランドでは絶滅したかもしれない。スーパーMCGが活動するぐらいの長い時間軸では、温暖化による海進（海面上昇）やプレート運動で引き起こされる地震による地形変化によって生息地を失ったものもあるだろう。

　無性生殖で無限の寿命をもつ菌類も、住処を失っては形無しだと思われるかもしれない。でもね、ロシアの黒雪さんは、北海道の黒雪さんには見られないチューリップ球根やホップの根茎に感染する。[*24] 黒雪さんには地上がしんどくなっても、地下に潜れば新たな活動の場所がある。さらに深海底から採取した泥から抽出したDNAには、黒雪さん！によく似た遺伝子が報告されている。[*25] スナハマガマノ

＊23　Benda 1976.

＊24　Tkachenko *et al.* 1997.

＊25　Nagano *et al.* 2010. 和文解説は、長野&長濱 2010。これらの論文で示された結果は、黒雪さんが海底にいることを直接示すわけではない。過去に波にのまれた菌核などの化石化したDNAをたまたま検出したかもしれない。ただ、海底にガマノホタケがいないとは、まだ誰も言えない。

ホタケ *Typhula maritima* は、海水と同じ塩濃度以上でも生きていける。[*26] となれば津波や海進に巻き込まれた黒雪さんたちガマノホタケは、竜宮城で海藻など食しているのかもしれない。

菌類は、虫たちのように1年に何代も世代交代するわけではない。適した環境では永く変わらず、しんどくなったら別の場所を探すか、その場に合わせて変わっていく。なかなかにしぶとい。

＊26 Hoshino *et al.* 2009.

第 7 章

菌類に知性はあるのか？——仮説と妄想

【切手紹介】現在の中欧チェコとスロバキアは 1939 年、ドイツにボヘミア・モラヴィア保護領として併合された。当時発行された 4 枚の切手（**左**）は、ズームアップすれば雪腐病菌がいそうな風景図案になっている。これを組み合わせると、亡きチェコスロバキア共和国の版図《はんと》が現れる構図となっている（**中**：特に雲をつなぎ合わせた北部がわかりやすい）！*1　これを占領に抵抗する不羈《ふき》の心と感じるかもしれないし、単なる自己満足と思うかもしれない。ただ製作者の隠れた意図があることはわかる。時代は下って、隣のオーストリアでは、料金変更による加刷《オーバープリント》に合わせて牧場に柵を加え、雪腐らしい枯れた牧草を眺める牛がトラ柄になっている（**右**、2005 年）。これらには遊び心という知性を感じる。

切手紹介もこれで終わりになってしまった。アフリカ南部レソトのスキーリゾートや、ブータンの雪男（おまけにこれは三角切手だ！）、雪山を背景にしたクルディスタンの傷痍兵など他にも紹介したい切手は手元にある。家人に無駄遣いを指摘される前に一秒一刻を無駄にせず、研究関連資料としての位置付けに日々格闘している。

菌は本当に語るのか？

最終章になってこんなことを書くのは、はなはだ申し訳ないのだが、本書では当初、雪腐病菌を擬人化し、それぞれにひとり語りをさせる案があった。ただこの企画は、いろいろ悩んだ挙句にボツにした。菌の語り口調を設定するエビデンスがないためだ。

少し前、私は自分の書いたエッセイを朗読する深夜ラジオ番組に、恥ずかしげもなく出演した。[*2] 全4回ものたどたどしい朗読のうち、前半2回は雪腐病菌の魅力を無用に熱く紹介し、海外での艱難辛苦を、（ラジオでは伝わらない）身振り手振りを交え、ケレン味あふれた調査エピソードを語る、言わば、実録『菌世界紀行』ダイジェストだ。残りはネタがないので、知恵を振り絞った結果、新たなエッセイを書き下ろすことにした。これは執筆時に所属した研究所の技術力を結集して作り上げた菌語《きんご》[*3]翻訳装置、その名も〝菌リンガル〟を使用し、私が黒雪さん

＊1　Bartoli 2009. また郵便学者、内藤陽介氏のブログ（http://yosukenaito.blog40.fc2.com/blog-entry-1973.html?sp）を参考にした（参照 2019-05-31）。

＊2　2017年2月20日～2月23日放送、なぜか再放送（2018年1月22日～1月25日）もされている。NHKラジオの担当ディレクターから放送予定が載った雑誌が送られてきたとき、これどうするの(?_?)って顔になったが、本書の執筆に当たり、私が極端には盛っていないことを証明するエビデンスになった。根田知世己D感謝しています。ラジオ深夜便2017年2月号、199: 130-131。同誌2018年1月号、210: 131-132。

＊3　この部分、北海道大学における植物学・微生物学の礎を築いた宮部金吾先生に掛けているわけではない。

図 7-1　私が妄想をたくましくした菌リンガルによるマタンゴへのインタビューの様子。インタビュー相手として、グロンギ族の“メ・ギノガ・デ”とかセミ人間から発生する冬虫夏草とかも考えたが、やはりネームバリューからするとこれだと思う。この挿絵は、私の妄想をもとに作画しているので、科学的な正確さは全く考慮していない。

Typhula ishikariensis にその生き方をインタビューし、あまつさえ私の周辺のさまざまな方をモデルに人生相談に応じるというSFチックなテイストになっている。*4

特に後半2回は放送中からかなりの悪い意味での反響があり、よせばいいのにTwitter をリアルタイム検索すると、「変な奴キター！」と持ち上げられたり？へこむくらいディスられたりした（私は柳沢良則教授同様、*5 21時には就寝したいので放送が始まる前に寝落ちした。また、私は家で何かつぶやけば、ボヤくらいすぐ出るので、ツイードを羽織《はお》っても、ツイートすることはないと思っていたが、転職を機に本書の宣伝などのためたまに〝さえずって〟いるので要注意だ）。

放送後、黒雪さんは道産子訛りでよかったかなど、珍しく折にふれ考えることがあった（普段は終了後、大した反省もせず、早々にウォッカを飲んでいる）。たしかに私たちは、菌たちに聞きたいことが山ほどあるのだ。*6 だから菌好きはプロもアマも皆、向こうの都合も考えず、菌を調べまわしている。できれば培養などまだるっこしいことはせずとも（このフレーズは、私の研究人生全否定だな）、菌に直接話を聞けばいいと思う人もいるかもしれない。

身近にいる犬・猿・雉《きじ》（これはどうなんだろう？）に加えて猫やカラスが知性を

＊4-1　巻末に全文を掲載した。あらためて読み直してみると、こんなことと電波に乗せていたんだ。私、意外に勇気があるな。

＊4-2　もしかすると、竹本泉『あおいちゃんパニック』3巻、講談社、1984で主人公たちが人間並みの知性をもつ宇宙人（パッと見はネコ科？）〝きぴきゃぴ〟とコンタクトする際に、翻訳機3台を介して会話する設定に影響を受けているかもしれない。

＊5　山下和美『天才柳沢教授の生活』シリーズ、講談社、1989より。個人的には町工場のネジ、ロシア系の女性教員、定年した植物学者と共に退職した妻の経済学者のエピソードが気に入っている。

＊6　ゲノムマイニングという言葉をご存じだろうか？　微生物の遺伝子から、人にとって有用な物質などの合成に関わる遺伝子を探し出すことを、鉱山での採掘になぞらえたものだ。微生物は菌類なら、ペニシリンや、放線菌（細胞が数珠状につながる細菌が多い）ならストレプトマイシンなどさまざまな抗生物質を生産し、私たちの生活に役立っている。しかし、これらの物質は、微生物の都合で作

もつことは経験的に納得できる（個人的には、明らかにボーカルコミュニケーションを取っているクジラやハイエナ・コウモリたちがどんなことを話しているのかとても興味がある）。*7 異論はあるが植物に知性があると考える研究者もいる。*8 ここでは、森林内の異なる樹種が、自らの根に共生する菌類の菌糸（菌根ネットワークと呼ばれる）を介してコミュニケーションを取っているとされる。菌類は、植物に道具として使われているが、菌自身に知性があるかは報告されていない。

無神経な菌たちの記憶

神経系をもたない植物に知性があるか、議論が続いている。しかし、植物に記憶があることはすでに証明されている。*9 植物は、過去に体験した干ばつや*10冬の記憶を、*11遺伝子を修飾し、その働きを制御することで、脳や腸・神経系がなくとも〝覚えている〟のだ。

また、微生物で知性と言ったら粘菌（ここでは農業をするとされる細胞性粘菌では

られ、たまたまこれを人が利用しているとも言える。遺伝子解析技術の進展から、微生物にはこれまでに人の知らない抗生物質などの化合物を合成する遺伝子群（一化合物の生成に複数の遺伝子が関わっていることが多い）をもっているらしいことがわかってきた。しかし、この遺伝子群がどんな物質を作るのかを知ることは難しい。どのように遺伝子のスイッチをONにすればいいのかわからない場合が多く、手っ取り早く本人に聞いてみたいと思うのは、私だけではないはずだ。

＊7 Humphrey博士によれば「知性は、動物が何らかの根拠をもとにして妥当な推論を行い、それに基づいて行動を変えるときに発揮されるものである」とされる（リチャード・バーン、アンドリュー・ホワイトゥン編『マキャベリ的知性と心の理論の進化論――ヒトはなぜ賢くなったか』ナカニシヤ出版、2004）。また、自然環境や、他の個体などのような社会環境のなかでのみ発揮できるとされる。この本では、霊長類の知性を議論しているため、菌類はおろか、他の生物の知性については議論がない。

なく、迷路を解くほうの変形菌のこと）である。なにせ絵本のタイトルからして『かしこい単細胞 粘菌』（中垣俊之文、斎藤俊行絵、月刊たくさんのふしぎ２０１２年11月号、福音館書店）だ。[*12] ここでは、変形菌の変形体（胞子からはい出た粘菌アメーバが集合した多核の巨大細胞、ゆっくりとだが餌を探してはい回ることができる）が時間を記憶する様子が示されている。温度が25℃、湿度が90％の環境ならば変形体はあちこちはい回り、温度が22℃、湿度を60％に下げると、変形体は動きを止める。10分後、温度・湿度を上げると再び変形体は動きだし、さらに10分後、温度・湿度を下げると止まる。これを3回繰り返すと、温度・湿度が上がって10分後、今度は温度・湿度が下がっていないのにもかかわらず、約半数の変形体は動きを止めた。これは過去の出来事に対応して、現在の動きを調整したと考えられる。たしかに無神経でも能なしじゃない！　すごいぞ！　変形菌。

また、変形体が餌を探す途中で変形体の嫌がる物質を決まった場所に置いておく。変形体は嫌がる物質に巡り合うと、これを避けて餌にたどり着く。この実験を何度か繰り返すうちに、変形体は嫌なものの手前でこれを避け、遠回りすることを学習する。[*13] さらに驚くべきことに、この学習経験のない同じ菌株の変形体に、少数の学習済みの変形体を結合させると、同じように嫌なものを先回りして避け

＊8-1　植物の知性というと、ウソ発見器をつないだ植物が、ゆで上げられる小エビの断末魔に反応を記したクリーヴ・バクスター『植物は気づいている――バクスター氏の不思議な実験』（日本教文社、2005）や、植物が人間の心を読み取るとするピーター・トムプキンズ、クリストファー・バード『植物の神秘生活――緑の賢者たちの新しい博物誌』（工作舎、1987）のようなちょっと不思議系の研究?を想像されると思うが、今はそれだけではない。ちなみにバクスター氏は、ヨーグルトにウソ発見器をつないで同様の反応を確認している！　細菌である乳酸菌に感情があるならば、菌類でも同じだと思うが記録はない。当時は今のように糀《こうじ》やテンペは世界的に知られていなかったのだろう。事例がないのがある意味残念だ。

＊8-2　ペーター・ヴォールレーベン『樹木たちの知られざる生活――森林管理官が聴いた森の声』（早川書房、2017）は、著者の主観が強い印象を受けたが、ダニエル・チャモヴィッツ『植物はそこまで知っている――感覚に満ちた世界に生きる植物たち』（河出書房新社、2013）とステファノ・マンクーゾ、アレッサンド

る。[14]

これらの結果は、神経系をもたない生物にも学習の能力があること、そして何らかの物質を通じて学習した経験が共有！できることがわかる。ヒトでは臓器移植を通じてドナーのし好や経験を共有する現象は、記憶転移[15]としてドラマなどの題材にもなることがあるが、科学的に証明されてはいないと思う。しかし、こと話を変形菌に限れば成立するのだ。

同じように菌類でも菌糸の融合が見られることは、前章で紹介した。しかし、菌類に感覚があることはわかっていても（だから酵母にモーツァルトを聞かせようとするのだ⁉）、記憶があるかは、やはりいまだに知られていない。

話を以前のエッセイに戻すと、菌リンガルの設定として、菌類に会話可能な知性はあるが、コミュニケーションは困難を極めるとした。なにせ菌類とヒトとでは思考回路がずいぶんと違うだろう[16]（でなけりゃ、十年一日のように毎日眺めまわされていたら、何か言ってきても不思議じゃないし、こちらとすればやさしい言葉の一つもかけてほしい）。やはり菌類と会話するには、ＡＩ《人工知能》を搭載した自動翻訳機に丸投げするしかないだろうと思い、この連載のためいろいろと調べていて驚いた。ＡＩ

ラ・ヴィオラ『植物は〈知性〉をもっている――20の感覚で思考する生命システム』（ＮＨＫ出版、2015）は、植物のもつ感覚について科学的な記述がなされている。

＊9　この話題は、古くから人々の興味を集めたようで、大正6（1917）年には、「植物に記憶力があるか又苦痛を感じるか」と題した解説が、松島種美『生物界の不思議』（同文館）に収録されている。内容を読むと記憶があるともないとも断言していない。

山梨大学の鈴木章方博士は、「〝温度記憶〟の escape time を求める：種子の休眠解除に有効な熱および光処理の組合せ」と題した講演を1986年、日本植物生理学会年会にて行っている。ここでは温度履歴の残存効果を〝温度記憶〟と呼び、休眠させたイネ科植物、カゼクサの種子を用いて、光処理を行ってから少なくとも24時間以内に熱処理を与えないと光の効果は無効になること。熱処理は43℃が最適であり、6時間で十分な効果があること。先に熱処理を行った場合、少なくとも6日間はこの効果が持続すること。休眠解除には0～10℃が最適であり、10日以上の処理期間が必要と報告し

の開発理論の一つであるネオ・サイバネティックスの解説で、〝生物は記憶をもつ〟と記されていたからだ。*17 この考えは、チリの神経科学者であるマトゥラーナおよびヴァレラ両博士によって発表されたオートポイエーシス理論*18に基づいている。

マトゥラーナ博士が視神経の研究を通じて発表した理論は、外部からの刺激は、神経細胞内部の変化に直接関係せず、神経系は自らの過去の経験に基づいて変化するとした。つまりオートポイエーシス理論では、生物は自己に基づいて自らを作り上げていく。生物は物質的には、代謝により物質循環を行う開放系（外部と物質・熱などの出入り・移動がある空間）だと広く認識されている。しかし、この理論では、生物のもつ情報伝達は、閉鎖系（物質・熱などの出入り・移動がない空間）と解釈される。

この記述にまたもや驚き、原典を当たってみるとこの理論は動物の神経系をもとに作られ、現在ではシステム論――事物をとらえる方法として自然科学よりも哲学や社会科学分野で知られている。とは言え、襟鞭毛虫《えりべんもんちゅう》などオピストコンタを含む幅広い真核微生物による自己組織化の解説にも取り上げられている。*19 ふーむ。しかし、これらの事例を眺めても（私がこの理論のすべてちゃんと理解している

ている。

*10 Ding *et al.* 2012.

*11 佐竹暁子「冬の記憶：FLCのエピジェネティック制御から明らかになる植物の繁殖様式」、種生物学会編、荒木希和子責任編集『エピジェネティクスの生態学――環境に応答して遺伝子を調節するしくみ』文一総合出版、2017。

*12 この他にも『粘菌――その驚くべき知性』（PHP研究所、2010）とか『粘菌――偉大なる単細胞が人類を救う』（文藝春秋、2014）、いずれも著者はイグノーベル賞受賞者の中垣俊之博士。他にも映像とコラボしたジャスパー・シャープ、ティム・グラバム『粘菌 知性のはじまりとそのサイエンス』（誠文堂新光社、2017）など、いかに変形菌がイケてるかのアピールが濃い。

*13 Boisseau *et al.* 2016.

*14 Vogel & Dussutour 2016.

*15 クレア・シルヴィア、ウィリアム・ノヴァック『記憶する心臓――ある心臓移植患者の手記』

とは思わないが）、動物にもっとも近く、脳や神経系をもたない菌類が過去を記憶し、対話可能な知性をもつ直接の証拠だと私は判断することはできなかった。

私は見た！

今思うと、菌類も過去の出来事に対応して、現在の動きを調整しているのではないかと思うような出来事を観察したことが、覚えているだけで2回ある。

あれはまだ、私が札幌で研究していた頃、4月のとある日に雪がとけまして、こんな日に素敵な雪腐に出会えないかと思ったところで黒雪さんの菌核《あなた》を見つけた（この部分、途中まで書いてみて、さだまさし氏の名曲の出だしに似ているので寄せてみた♬）。

あまりに見事だったので、ただちに実験室に持ち帰って、菌核の一部を表面殺菌（簡単に言えば、70％エタノール水溶液でさっと洗った後、湯冷ましの滅菌水で数回洗って、軽く水切りする）した後、寒天培地に植えた（先端を火炎消毒した後、十分に冷

（角川書店、1998）。完全にフィクションだが、シティー・ハンターの続編にもこんな設定がある。ナルトが多重影分身で、それぞれに修業し、元に戻る（一体化する）ことで経験を共有するエピソードは、かなり変形菌っぽい。

＊16-1　『新スター・トレック』（TNG）第102話に登場する、神話や歴史上の出来事を引用した比喩で会話するタマリアン星人とのコンタクトを描いたエピソードを思い出す。

＊16-2　なにせ同じ人でもところ変われば、言葉も変わる。アフリカ南部で使用されるコーサ語の歌、The click songを聞いたときは驚いた。舌を鳴らす、クリック子音を連発するのは聞いて楽しく、歌うのはとても難しい。

＊17　西垣通『AI原論——神の支配と人間の自由』講談社、2018。

＊18　ウンベルト・マトゥラーナ、フランシスコ・ヴァレラ『オートポイエーシス——生命システムとはなにか』国文社、1991。

＊19　Durand 2017; Mingers 1997.

ましたピンセットで菌核をおもむろにつかみ、軽く握ると、黒雪さんの菌核は簡単につぶれる。大きさはずいぶんと異なるが、感覚的にはおせち料理の黒豆を割り箸で握ってつぶしてしまうのに近い。茶雪さん *Typhula incarnata* の菌核はもう少し硬く、赤柄さん *Typhula phacorrhiza* に至ってはかなり硬く、メスで切る必要がある。これを寒天培地の中に埋めるように入れる)。冷蔵庫で培養し、通常ならば2週間程度でつぶれた菌核から菌糸が成長してくる（図7-2左）が、このとき、パッと見は何も生えていなかった。そのままシャーレをまた冷蔵庫に戻して、さらに2週間ほど経っても目立って菌糸は伸びてこない。表面殺菌が強すぎて菌核が弱ったり、細菌などに感染したのかと思い、顕微鏡をのぞいて戸惑った。

菌糸が束になって生えている（図7-2右）。まるで〝キノコの柄〟のようだ。見慣れぬもの見て、私はシャーレをそっと冷蔵庫に戻した（後日、このときのことを思い出して、写真を残しておけばよかったと後悔している。今どきはデジカメの時代なのだから、気になるものがあれば、深呼吸して冷静になった後、ちゃんと記録しておいたほうがいい。少なくとも私は、不思議なモノに巡り合って一目でちゃんと説明できることがほとんどない。ただ何かの拍子に、あれは、こう解釈すると面白い論文になるのではと思いつくことがあるが、時すでに遅し……orz）。

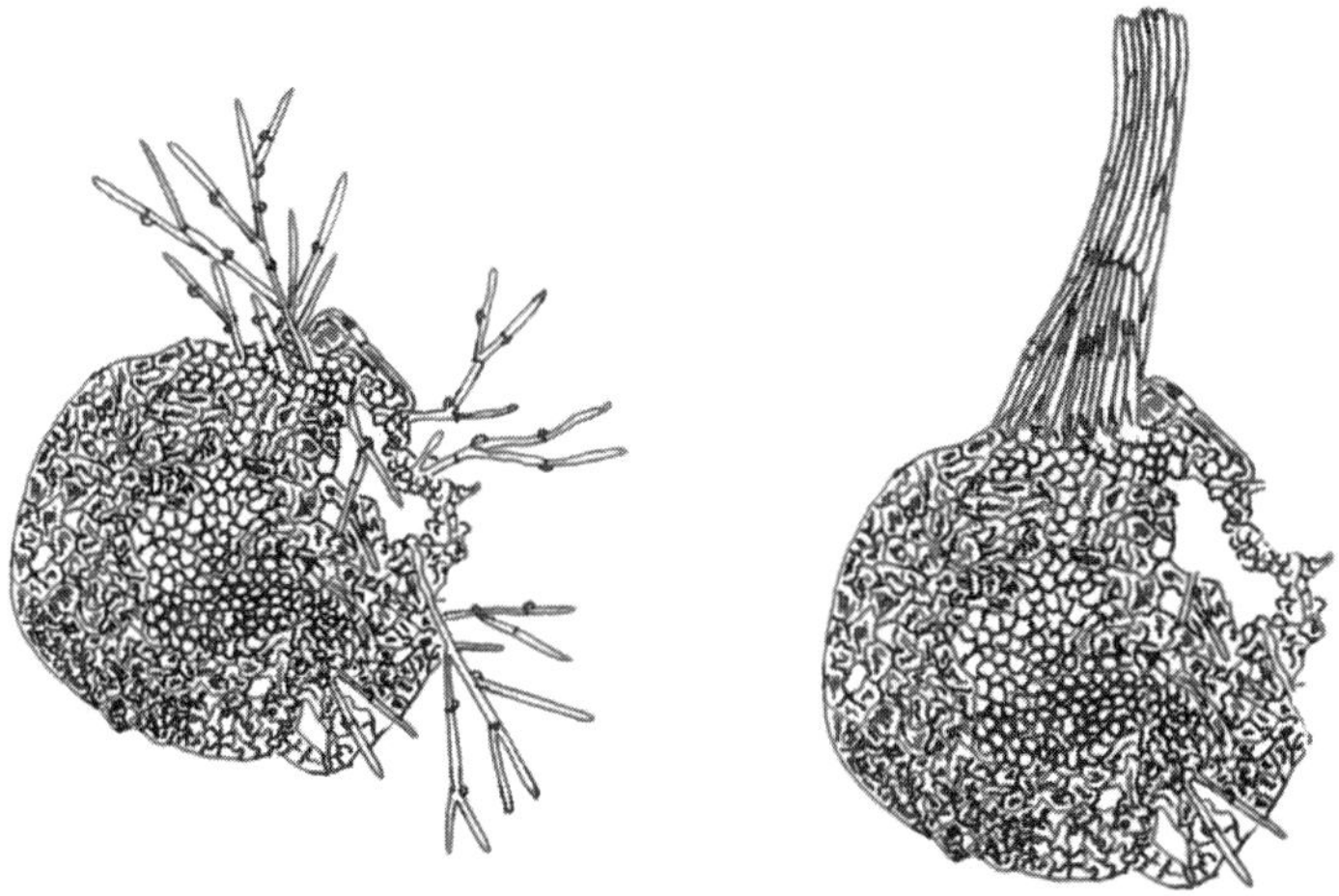

図 7-2　私が見た融雪直後の菌核から発生した束になった菌糸（**右**、模式図）。**左**は通常の菌糸成長の様子。ピンセットでつぶしてできた痕から菌糸が様々な方向に生えてくる。右の挿絵は、私の記憶をもとに作画しているので、科学的な正確さは担保されていない可能性がある。

さらに数週間が過ぎると、束になった菌糸の先端から1本ずつになった菌糸が成長し、やがて見慣れた黒雪さんのコロニーとなった。そして一度普通の姿になったコロニーを新しい培地に植え継いで、冷蔵庫で培養を続けても変化はなかった。あの束になった菌糸は、なんだったのだろう？　合目的的には、こう解釈することもできる。

黒雪さんたちは、菌核で夏を越し、晩秋に菌核からキノコを出す。菌核は、菌糸では生き残れない厳しい暑さに耐えるための役割がある。日本なら三寒四温は、雪解けから春先の季節だろう。この時期は温度変化が大きく根雪がとけ、暖かい日が続いたと思うと急に凍えるほどに寒くなることがある。こんなとき、また寒さが来たからと言って、菌核が発芽してしまったら、その後の暖かさにやられてしまう。菌核は、季節の変化を読む力が必要になる。

私が見た、束になった菌糸は、黒雪さんの菌核が新たな環境に戸惑いながら反応しているように見える。そして、ずっと涼しい冷蔵庫で飼われていると、野外にいた頃の〝記憶〟が失われるのかもしれない（もしかすると土の中にいると思っているのだろうか。というのも2年以上放置プレイ中の培地の上の黒雪さんの菌核は、驚くべきことに菌核の中にまた菌核を作る。これは、ロシアで報告されたチューリップの球根に土壌感染する菌株の性質によく似ている）。[20]

一日の生活のリズム（概日《がいじつ》リズム）は、動植物だけでなく、細菌から菌類まで幅広い生物に認められている。[21] しかし、年単位の変化、季節となると菌類がどのように感じているのかわからないことが山積みだ。今年の春には、あの束になった菌糸に積極的に出会いたいし、できればいつでも会えるように実験室で再現したいと願っている。

＊20　Tkachenko 1995.

＊21　Johnson 2004．和文の解説はこちら→ https://www.natureasia.com/static/ja-jp/ndigest/pdf/v1/n8/ndigest.2004.040810.pdf（参照 2019-05-31）

おわりに

本書は、春秋社のＷｅｂマガジン「はるとあき」の同名の連載が、令和の改元に紛れて出版された奇跡だ。なにせ春秋社がこれまでの読者の科学への関心を失うリスクを賭けて、私を筆者に選ぶ冒険心に感服するだけでなく、挙句の果てに電脳世界だけでなく、さらに広く世に問うのだ。これが他人事ならばもっと突っ込みたいが、当事者の一人なのでそうもいかない。

本書では雪腐病菌を中心に、一般に馴染みの少ない菌類に関して、著者の思い入れと思い込みを一方的に、時に無用に熱く、時に生来の性格が出てクールに紹介した。さらに調子に乗って雪腐病菌以外の菌についても、他の菌好き・極地好きの方々の力を借りて解説した。巻き込まれた皆さんには今後のご迷惑もあわせて感謝と先まわりしての謝罪をしたい。

本書の内容を目にした読者の心中はさて置き、私は非常に満足し、皆さんが仮にこの本を通じて何も得るものがなくとも（少なくともページを手繰ることによるダイエット効果は、理論的に証明できる）、私は（家庭内暴動に巻き込まれたり、職場の服務規程違反で挙げられることもなく）無事執筆を終了したことに快い達成感を感じている。

そもそも私は、やればできるのだ。ただ、いつ・どこで・なんの実力を発揮すればよいか、今も悩み続けているだけだ（〝だれが〟だけはさすがにわかっている）。過去、『菌世界紀行』に雪腐病菌の解説が少ないと息巻いていた読者も本書を手に取り、数年来の溜飲が下がったに違いないと確信している。本書読了後、可及的速やかに〝南米密林〟などのレビューに平均値が4・649《ヨロシク》（本当は9・930《ゆきくされ》としたいところだ）となるよう書き込んでいただきたい（電子ブックならリンクを張りたいくらいだ）。

これまでに記したように黒雪さんをはじめとする雪腐病菌たちが、自分たちへの記述をどう考えているか、私はまったく見当がつかない。ただ、普段はほとんどヒト族の耳目にふれないドマイナーな菌類たちでも、私が目にしたことや、これまでに記録されていることをありったけ詰め込めば一冊の本になり、まだ記すことができない謎（例えば菌核は夏、本当に活動しないのかなど）も残っている。ふらちなことをしでかさなければ、私の研究者人生はもう少しあるはずだ。これからも雪と生きる小さな菌たちの生き方を通じて、生きる世界を知り、これを語り続けたいと思っている（よし、決まった！）。

〈完〉

【今後の課題】特になし
【自己評価】S

付録1　菌リンガルで黒雪さんにインタビューしてみた

実際に菌はしゃべらないので、ホントのところ何を〝思っている〟かまったくわかりません。これがペットの動物だとなんとかリンガルみたいな、品種を登録し、鳴き声を録音すると、翻訳してくれる道具があります。植物でも表面の電位を測ることで、コミュニケーションできるそうです。過去にはブログを書く植物も知られています。

そこで菌類と話をするための道具、菌リンガル（菌正解機構）を、仮に当時私の所属した、日本が誇る産総研で開発したとします。以下長い妄想が始まります。

妄想転換効果音

はい、ここから妄想です。

えっと、このチューブにつながった電極を菌の生えているところと菌自体に差し込むっと。よし。菌の生えているところからは温度や栄養素など環境情報が、菌からは原形質流動の速度、ホルモンなど生体分子の濃度変化と遺伝子の転写翻訳の状況がリアルタイムで計測できるのか。すごいな。反応は早いほうがよいので、もっとも成長している菌糸の先端部にしますか。ハーイ、ちょっとチクッとしますよ。菌種モードは、ガマノホタケ属に合わせてっと。光の量は、雪の下と同じ暗黒がよいね。翻訳言語は、やっぱ日本語でしょ。著名な研究者の見解を選択して、翻訳のヒントを得る、っと。日本の今井先生、冨山先生、師匠の松本さんは絶対で、フィンランドのヤマライネン、スウェーデンのエリクソン、カナダのドリュー・スミスは外せないな。アメリカのブリューエル博士か、尊敬するなこの人は。お！　ロシアのポタトーソバ博士もある。この人も会ってみたいなあ。パラメータはこれでよし。じゃあ、翻訳開始、ポチッとな。

星野（以降、「星」）：はじめまして、ヒトの星野です。

5日経過の効果音　それから約5日後……

イシカリガマノホタケ（以降、「菌」）：イシカリのガマノホタケです。虫以外の動物に初めて触れたよ。ヒトって雪解け後に活動する動物なんだね。

星：あっ、返事が来た。おー、温度が4℃だとやっぱ時間がかかるね。聴覚の情報はほとんどないだろうから、触覚に置き換わっているのか。

星：私は、あなたのことを長年研究しているんですよ。お話をいろいろ聞かせてください。

菌：長年ってどのくらい？

星：25年くらいですかね。

菌：え！　それって雪解け25回っしょ。たいしたことねえべな。俺は雪解け1万回くらいは普通に経験しているし。やっぱ、動物はすぐ入れ替わるねぇ。

星：そうですか。やはり菌類の寿命は長いなあ。それじゃあ少し聞かせてください。どうして雪の下で活動しようと思ったんですか？

菌：ヒトにだって地下アイドルとかいるしょや。

星：え！　これ、ちゃんと翻訳してるのかな？

菌：まあ、冗談はさておき、新たな活動場所の開拓さ。俺の仲間には、今も雪が降る前の季節、君たちの言葉で秋に活動するやつもいるよ。でも彼らの暮らしは、大変だよ。俺たちより、ずっと早く成長するバクテリアや菌類と餌を奪い合う競争になるからね。でもたいていの微生物は雪の下では活動しないわけ。そんな場所を自由に使えたらいいじゃない。

星：だから雪腐《ゆきぐされ》になったわけ？

菌：そうっす。雪の下で一番栄養があるのが、生きた植物だし、雪の下では甘みも旨みも増すから最高のごちそうだよ。それにね、雪の初めの頃には、雪が浅く、地面が凍ることもあるのさ。そうなると生きるのがしんどいよね。生活に必要な水がなくなるからね。でもさ、植物は雪の下で糖を貯めて甘くなるから、寒くても凍らないんだよね。俺らは植物に入り込むことで、食事もできて、凍らない快適な生活もできる。一石二鳥なのさ。

星：雪の下で生きていくのってどんな感じですか？

菌：うーん。自分たちは生活のほとんどは、雪の下だからね。特別なことはないよ。大体、ヒトとはサイズが違うから閉塞感もないしね。地面の熱で雪が徐々に解けて水もたっぷりあるから、俺たちの他にもいろいろな生き物がいるよ。

星：雪腐病菌以外にもですか？

菌：うん、トビムシとか線虫とかうろうろしているし、活動するやつはずっと少ないけど、バクテリアもいるしね。藻類、藻の仲間とかもいるね。あいつら変わってて、俺たちより後に出てくるんだけど、雪の中に泳いでいくんだよね。どこ行くんだろう？

星：ああ。それは赤雪《あかゆき》と呼ばれる、雪の上に色を付ける藻類ですね。光合成のため雪の上まで泳いでいきますよ。

菌：物好きだな。物好きと言えば、俺たちの仲間にね、ツボカビっているんだけどね。あいつらべん毛があって、藻類みたいに泳ぐんだよね。そいでさ、藻を食ってるんだよ。だからかなあ。藻類を追ってさ、雪の中を泳いでいくんだけど、やっぱあいつらも雪の上まで行くのかな？

星：はい。雪の上の藻類に寄生するツボカビは超マイナーですが知られています。

菌：そうか、場所によっちゃあ、数メートルは泳がなきゃたどり着けないんだろ。ずいぶんがんばるなあ。

星：そうですねえ。それじゃ雪の下で生きていくのに大変なことって何ですか？

菌：さっきも言った、地面が凍るのはやだね。それと雪の下で長く活動してくると、だんだんバクテリアがわしゃわしゃ湧いてきて、菌糸にまとわりついて、ウザいんだよ。

星：なるほど、では季節が進んで雪解けはどんな感じですか？

菌：ああ、そろそろ俺たちの季節も終わりかなってしんみりした気分になるね。まあ菌核、ざっくりいうと球根も十分作ったし、もう菌糸もバクテリアに食われてボロっちくなってきたところもあるしね。また、このバクテリアを食べに粘菌のアメーバが寄ってくるんだよ。その頃は、雪も解けだして、天井が高くなって、一部が崩れて徐々に日の光が漏れてきてさ。ケカビとか他の元気のいいヤツが、俺たちが枯らした植物を餌にバンバン成長して、あいつらの菌糸は、雪の天井まで届くんだぜ。そうなると自分の出番は終わったなあって感じだなあ。あとは菌核の姿でゆっくり休みたい感じになるさ。

星：で、そのお休みってどうしてますか？

菌：すっかり意識を失ってる。ワラジムシにかじられても、ちっともわからんな。雪が解けたあとは、ずっとこんな感じだね。日が短くなって、長い雨で十分に菌核が湿って、気温が少なくとも10℃以下になるまで起きてこれないなあ。

星：なるほど。じゃあ雪解けから次の秋までの間のことは、あまり覚えていないんですね？

菌：うん。大体はそうなんだけど、この前、変なことがあったなあ。菌核になったあと、たいして眠ってもいないのに、妙に寒い場所で無理やり起こされてさ。調子出るまでずいぶんかかったよ。

星：あ！　すいません。原因は私です。私が採集してすぐに培地に植えて……ごにょごにょ。

菌：マジ勘弁してよ。俺は道産子なわけ。グリーンランドの連中とかと違って、雪が解けたら、しばらくはゆっくり休みたいタイプだから。

星：以後気をつけます。

星：さらにいろいろと聞いていきたいと思います。最近困ったこととかありますか？

菌：うーん。やっぱ温暖化だべ。北極とか北に住んでる連中はいいんだけど、南にいるやつらは住む場所に困るってこぼしてたな。最近連絡取れない仲間もいるしね。

星：それでは最後に、今後やってみたいことは何ですか？

菌：南半球の菌に会ってみたいな。南半球には、うちらとは違う変わったやつがいるっていう噂を聞いたんだよ。南極にしかいないやつらに会って、生き方について語り合いたいな。

星：ありがとうございました。今後のご活躍をお祈りしています。次回は雪腐に聞く、人生相談です。

菌：まだあんたの妄想が続くのか……でもちょっと楽しみ。

付録2　菌リンガルで黒雪さんに人生相談してみた

星：では昨夜に引き続き、イシカリガマノホタケさんをお迎えして、皆さんからいただいたご相談にコメントをしてもらおうかと思います。

菌：イシカリガマノホタケです。って言うか、これは完全に星野君の妄想っしょ。いい機会だから、ここでキッパリ・ハッキリ言っとくけど、俺のイメージダウンになることは言わないでね。特に農家の方が心配するようなことはＮＧってことで。

星：ええ。いやもちろんです。いい意味でもうちょっと名が売れてほしいので、気をつけます。では、あらためまして、遅ればせながら、回答者のイシカリガマノホタケさんのキャラ設定を紹介させていただきます。

菌：キャラ設定ってなに？

星：イシカリガマノホタケさんは、北海道札幌郡琴似《ことに》村、現在の札幌市西区のご出身ですから、寒さには強いというか、好きですね。発見、デビューは遅咲きの1929年、昭和4年10月、世界恐慌の引き金となるウォール街大暴落の頃で、たぶん読者もご存じのスーパーに並ぶキノコの方々と比べて、下積み時代が長いイメージがありますね。公式プロフィールには、あまりに小さく、ぱっと見地味で、じっくり見ないと、その可憐で可愛い姿が認識されなかったためとあります。

菌：うわー、好き好き言っときながら、だいぶディスってるし。大体、動物の病原菌でもない菌が、ヒトの生き方に何か言えると思ってんの。

星：いや、そんなことはまったく……クマムシさんの人生相談もあるのだから全然大丈夫ですよ。気持ちを切り替えて、さっそく読者の皆さんのご相談を紹介しましょう。

東広島市在住の32歳、菌類好きの女性の方からです。「今後両親の介護や先祖代々の墓を守ることを考えると無性に心配で、夜も眠れません」とのことです。いかがしましょう。

菌：うーん。介護は、わかんない。俺らは、菌核、平たくいうとキノコの球根なんだけどね、ゴマ粒ほどの菌核からキノコの形になって、胞子を飛ばして子孫を残す。でも菌核やキノコから菌糸を伸ばして、翌年また菌核をつくる、これの繰り返しなのさ。だから、ざっくり言っちゃうと、形は変わるけど遺伝子はそのまま受け継がれていて、一部（菌核→菌糸）寿命がないっていうことになるんだよね。だから、自分とそれ以外、つまりは個体については、いつも気にしているけど、世代の差？　誰がいくつかなんてわかんないし、親も子も、仲間も餌に関しては競争相手だし、よいところがあれば遺伝子を交換するパートナーだし。死なないから、それぞれ長ーい付き合いになるんで、個体同士として互いに向き合う菌類関係に時間をかけています。

寿命がないので、天変地異で生息場所がなくなったりしなければ、死ぬことはまずなくて。そんなときは全部自然葬だし、お墓とかも滅多にない。

星：滅多に？　ってことは、お墓、あるんですか？

菌：俺ら、かなりちっちゃいし、キノコの躰は柔らかいのでなかなか化石にならないんだよね。特にガマノホタケのキノコはもっとちっちゃいから、滅多に化石とか見つからないっしょ。

星：化石がお墓か。象の墓場みたいなイメージなのかな。たしかに、樽前山の噴火で約400年前に放棄されたアイヌ集落などで焚き付けとして集められた枯草から炭化した菌核が見つかっていますね。

星：それでは次のご相談にうつりましょう。東京都品川区在住、17歳男性からのご相談です。「私はまったく腕力がないことから、皆になめられて、自信もありません。ラグビー部のレギュラーにいつまでたってもなれません。どうしたらよいでしょう」。

菌：これって星野君の少年時代じゃね？

星：さあ……どうでしょう。

菌：まあ、一芸を磨いて自信にするとかは、正直、菌には自信ってよくわからないし。俺らガマノホタケは、親戚筋を合わせても、みんな成長は遅いし、植物に感染する力も弱いんだよねー。ヒトで言ったら身体能力も低いし、狩りをする力とか、稼ぎとかも少ないって感じ。でも、寒さにはめっさ強いから。特に雪腐病菌になった俺らは、この一芸に特化して、進化したんだ。その結果、他のキノコやカビも、バクテリアもたどり着けない雪の下に進出できたんだよね。

これって自信って言っていい？
　で、どうして雪の下に進出できたのかと言うと、雪のない時期に俺らのご先祖様は、他の菌との競争に負けて、楽に生きられなかった。
星：いわゆる負け組ってことですか……。
菌：でも、普通の環境で負けたからこそ、誰もいない雪の下に行けたんだと思うんだよね。負けても――、負けたからこそ、新たな環境に進出する開拓者になれたんだと思う。
星：ああ、いい感じですね。ありがとうございます。次の相談に行きましょうか。
菌：いいけど。
星：では、9歳の小学生の方からです。「わたしは将来研究者になりたいのですが、お酒が飲めないとだめですか？　以前、本で、星野さんがロシアでいつもお酒を飲んでいたので心配になりました」。
菌：これは、俺が答えるより、ガチで星野君の分野でしょ！
星：いや、そこをなんとか。
菌：うーん。じゃあ研究者云々はわからないけど、アルコール発酵なら少し。ヒトはお酒、エタノールを作るのは、菌類の中で酵母だけと思ってるしょ。でもキノコでも結構、エタノールを造れるやつらも多いんだよね。ヒトと組んで生きるならエタノールとか作るほうが便利だけど、でもエタノールも作らず、ヒトにも頼らず、全然普通に生きてる菌もいっぱいいるから、あなたも自分の好きに生きれば大丈夫ですよ。

あ！　そう言えば北米にいる雪腐で、雪の下で青酸カリを作って、植物を殺すやつもいるね。こうなるとちょっとサスペンス？　ミステリー？　とか♪

星：なんでちょっと楽しそうなのかな？　そう言えば、海外に関するご相談もあります。紹介しますね。

札幌市在住の23歳、女性の方からです。「服飾系のデザイナーを目指して勉強中です。将来海外に行きたいと思っているのですが、海外でやっていけるのか不安です」。

菌：うーん。でもこういう相談は、青カビとか黒カビとか地球中どこにでもいるコスモポリタンな菌類に聞けばよいしょ。大体、菌類はヒトに比べればずっとコミュ障だし。

星：コミュ障って、コミュニケーション障害ですか？

菌：そう。菌はヒトより感覚器官が少ないからね。基本的に触覚で判断してるし、味覚と嗅覚、聴覚と触覚は共通だし、視覚は動物に比べるとぼんやりしてるしね。

星：でもイシカリガマノホタケも北半球に広く分布していますよね。

菌：そんなに多くの経験があるわけじゃないけど、どこに行っても運がよければ、胞子1個くらいは、自分に合うやつはいると思うから。どこに行ってもそいつらを探して、組んで、がんばればいいと思うんだよね。

星：なるほど。そうですね。

星：また、ちょっと変わった相談もありますよ。35歳のOLの方からです。「二次元キャラが大好きです。自分も二次元に行くにはどうしたらよいですか」というのが来ていますが、大丈夫ですか。

菌：ああ、これはOKです。キノコの頃と、大空を飛ぶ胞子を除けば、俺ら菌類は大体、二次元ですから。特にガマノホタケは、星野君が言ってたキャラ設定にもあったとおり、小さくて地味だし、雪の下で地面に沿って成長してますから。

だから、これも視点をどこに置くかじゃね。平面のように見える芝生の上でも、雪腐の感覚だと、かなり凹凸を感じるし、逆に空を飛ぶ胞子から見ると、ヒトが生きてる地表は一様に平たく感じる――。だから視点の置き場所変えたら、自分を二次元化できんじゃね。漫画とかアニメは人が作ったんだし。

星：おお！　まさに視点ずらし。

星：では最後の相談を、つくば市→八戸市在住の55才、男性の方からです。「最近仕事が忙しくて家にも滅多に帰れません。困っています。どうしたらよいでしょう？」とのことです。

菌：これ100パーセント星野君、自分のことじゃね。単身赴任なんだから滅多に家に帰れないのは、当たり前じゃね、あほくさい。

星：うー、何とかなりませんか。マジ困ってるんですよ。

菌：え、なんか弱ってるね。楽に生きるのが一番だけど、いつかは根雪も解けるしね。つらいときは菌核をがっつり作ってじっと耐える。無心でとにかく耐えていると、また雪が降ってくるときもあるから。それからさ、つらいときは、選択肢を増やすのも手だよ。俺たちの世界でいえば、大きなキノコになる菌核を少し作るやつもいるけど、小さいキノコになる菌核をたくさん作るやつもいる。つらいときは、小さくても菌核をたくさん作っておけば、かならず何個か生き残るよ。だから選択肢を増やす、視野を広げるって言ってもいいかな。

星：うん。ありがとう。そうだね。またがんばってみるよ。

これまで視点を変えて、雪腐病菌の魅力をお伝えしてきました。こうやって無理やり擬人化するとかなり想像しないと話せない、誰も知らない雪腐の一面があることがわかり、これからも地面にへばりついて彼らの生き方を観察したいと思います。また、彼らの生き方を調べているうちにいくつかは自分の生き方と重なっていることがわかりました。普段の研究では体験できない、よい経験をさせていただきました。一人でも多くの方が雪腐病菌の魅力に取りつかれることをねがってやみません。ありがとうございました。

参考文献

はじめに

*1-1　今井三子（1929）「日本産箒茸科に就きて」『札幌博物学会会報』11: 38-45。

*1-4　S. Imai（1936）On the causal fungus of the Typhula-blight of gramineous plants. *Jap. J. Bot.* 8: 5-18.

卜藏梅之丞（1926）「麦類の病害と其の防除」『病虫雑』13: 476-489。

第1章

*1-2　笠間達男（2001）「名言に学ぶ〈240〉世の中に雑草という草はない 牧野富太郎」『週刊教育資料』726: 43。

*2　H.N. Schulz, T. Brinkhoff, T.G. Ferdelman, M.H. Mariné, A. Teske & B.B. Jorgensen（1999）Dense populations of a giant sulfur bacterium in Namibian shelf sediments. *Science* 284: 493-495.

*3　A.P. Nutman, V.C. Bennett, C.R. Friend, M.J. Van Kranendonk & A.R. Chivas（2016）Rapid emergence of life shown by discovery of 3,700-million-year-old microbial structures. *Nature* 537: 535-538.

*4　M.S. Dodd, D. Papineau, T. Grenne, J.F. Slack, M. Rittner, F. Pirajno, J. O'Neil & C.T. Little（2017）Evidence for early life in Earth's oldest hydrothermal vent precipitates. *Nature* 543: 60-64.

*8　N. Okamoto & I. Inoue（2006）*Hatena arenicola* gen. et sp. nov., a katablepharid undergoing probable plastid acquisition. *Protist* 157: 401-419.

*9　山本義治（2008）「盗葉緑体により光合成する嚢舌目ウミウシ」『光合成研究』18: 42-45。

*15　日本分類学会連合種数算定委員会（2013）「日本産生物種数調査」http://ujssb.org/biospnum/search.php（参照 2019-05-31）

J. O. Aarnæs（2002）*Katalog over makro-og mikrosopp angitt for Norge og Svalbard*（Synopsis fungorum 16）, Fungiflora, Oslo.

I.V. Karatygin, E.L. Nezdoiminogo, Y.K. Novozhilov & M.P. Zhurbenko（1999）*Russian Arctic fungi Check-list.* V.L. Komarov Botanical Institute, St. Petersburg.

A. Elvebakk & P. Prestrud（1996）*A catalogue of Svalbard plants, fungi, algae and cyanobacteria*（Skrifter nr. 198）, Norsk Polarinstitutt, Tromsø.

H. Knudsen（2006）Mycology in Greenland – an Introduction. *Medd. Gronland Biosci.* 56:

7-16.
P. D. Bridge（2010）, List of non-lichenized fungi from Antarctic region, ver 2. 3. 3, http://www.antarctica.ac.uk/bas_research/data/access/fungi/index.html（参照 2019-05-31）
S. Onofri, L. Zucconi & S. Tosi（2007）*Continental Antarctic Fungi*, IHW-Verlag, Eching.
Y. S. Paul & R. C. Sharma（2003）*Mycoflora of Northwest Himalayas (Himachal Pradesh)*, International Book Disrtibutors, Dehra Dun.
*16 J. Forster（1887）Über einige Eigenschaften leuchtender Bakterien. *Centr. Bakt. Parasitenk.* 2: 337-340.
*17 S. Schmidt-Nielsen（1902）Ueber einige psychrophile Microrganismen und ihr Vorkommen. *Cent. Bakt. II Abt.* 9: 145-147.
*18 R. Y. Morita（1975）Psychrophilic bacteria. *Bacteriol. Rev.* 39: 144-167.
T. Hoshino & N. Matsumoto（2012）Cryophilic fungi to denote fungi in the cryosphere. *Fungal Biol. Rev.* 26: 102-105.
*19 M. Vidal-Leiria, H. Buckey, N. van Uden（1979）Distribution of the maximum temperature for growth among yeasts. *Mycologia* 71, 493-501.
*20 H. G. Jones（eds.）（2001）*Snow ecology. An interdisplinary examination of snow – covered ecosystems.* Cambridge University Press, Cambridge, pp.168-228.
*21 E. Kol（1939）Zur Schneevegetation Patagoniens. *Ark. Bot*（Stockholm）29: 1-4.
E. Kol（1942）The snow and ice algae of Alaska. *Smithsonian Misc. Collect.* 101: 1-36.
E. Kol（1974）Tranchiscia（Chlorophyta）red snow from Swedish Lapland. *Ann. Hist. Nat-Mus Nat. Hung.* 66: 59-63.
Y. Kobayashi & M. Ôkubo（1954）*Scientific Researches of the Ozegahara Moor.* JSPS, pp.561-575.
J. R. Stein & C. C. Amundsen（1967）Studies on snow algae and fungi from the Front Range of Colorado. *Can. J. Bot.* 45: 2033-2045.
*23-2 J. H. Burnett（1950）*Fundamentals of Mycology.* Crane Russak, New York, NY, p. 151.
*25 S. Yokota, T. Uozumi & S. Matsuzaki（1974）*Scleroderris* canker of Todo-fir in Hokkaido, northern Japan II. Physiological and pathological characteristics of the causal fungus. *Eur. J. For. Path.* 4: 155-166.
R.-L. Petäistö and A. Laine（1999）Effects of winter storage temperature and age of Scot pine seedlings on the occurrence of disease induced by *Gremmeniella abietina. Scand. J. For. Res.* 14: 227-233.
A. Lijia, M. Poteri, R.-L. Petäistö, R. Rikala, T. Kurkela & R. Kasanen（2010）Fungal disease in forest nurse aries in Finland. *Silva Fennica* 44: 525-545.
*27 T. Hoshino & N. Matsumoto（2012）Cryophilic fungi to denote fungi in the cryosphere. *Fungal Biol. Rev.* 26: 102-105.
福島博（1954）「氷雪植物に関する研究の概要」『横浜大学論叢』6: 642-655。

第2章

*1-2 A. Kuznetzova (1953) New species of the fungus *Typhula humulina* A. Kuzn. on subterranean stems of hop. *Bot. Mater. Otd. Sporov. Rast.* 9: 142-145.

T. Hoshino, O.B. Tkachenko, M. Kiriaki, I. Yumoto & N. Matsumoto (2004) Winter damage caused by *Typhula ishikariensis* biological species I on conifer seedlings and hop roots collected in the Volga-Ural regions of Russia. *Can. J. Plant Pathol.* 26: 391-396.

*2-4 S. Ikeda, T. Hoshino, N. Matsumoto & N. Kondo (2015) Taxonomic reappraisal of *Typhula variabilis*, *Typhula laschii*, *Typhula intermedia*, and *Typhula japonica*. *Mycoscience* 56: 549-559.

*6-1 J. Berthier (1973) *Recherches sur les Typhula, Pistillaria et genre affines* (*Clavariacées*): *biologie*; *anatomie*; *systématique*. (Ph. D. Thése). Université Claude Bernard Lyon I, Villeurbanne.

J. Berthier (1976) Monographie des Typhula Fr., Pistillaria Fr. et genres voisins. *N° spécial du Bull. Société Linnéenne de Lyon.*

R.E. Remsberg (1940) Studies in the genus *Typhula*. *Mycologia* 32: 52-96.

*6-3 星野保 (2003)「ガマノホタケを齧るもの」『利尻研究』22: 7-8。

*7-1 R. K. Greville (1828) *Scottish Cryptogamic Flora*. Maclachlan & Stewart, Edinburgh and Baldwin, Cradock & Joy, London.

P.A. Karsten (1882) Rysslands, Finlands och den Skandinaviska halföns Hattsvampar, Sednare delen: Pip-, Tagg-, Kulbb- och Gelesvampar. *Bidr. Känn. Finl. Nat. Folk* 37: 1-257.

I. Olariga (2012) New combinations and notes in clavarioid fungi. *Mycotaxon* 121: 37-44.

*7-2 E. J. H. Corner (1950) *A monograph of Clavaria and allied genera*. Oxford Univ. Press, Oxford.

E. J. H. Corner (1970) Supplement to “A monograph of Clavaria and allied genera”. *Beihefte zur Nova Hedwigia* 33: 1-299.

*9-1 E.G. Potatosova (1960) A critical review of species of Typhula genus on cultivated plants of the USSR. Thesis of candidate of agricultural sciences, Academy of Sciences USSR, Moscow, Leningrad. (露文)

*9-2 原田幸雄、大塚智、江浦哲哉 (1995)「貯蔵ナガイモの小粒菌核腐敗病(新称)」『日植病報』61: 217。

S. Ikeda, T. Hoshino, N. Matsumoto & N. Kondo (2016) Rot diseases of carrot and rapeseed caused by *Typhula* species under snow in Hokkaido. *J. Gen. Plant Pathol.* 82: 286-291.

*10-1 B. Woodbridge, J.R. Coley-Smith & D.A. Reid (1988) A new species of *Cylindrobasidium* parasitic on sclerotia of *Typhula incarnata*. *Trans. Br. Mycol. Soc.* 91: 166-169.

*10-3 斉藤泉、星野保、湯元勲 (2007)「*Typhula phacorrhiza* の菌核に寄生する *Episclerotium sclerotipus* の培養性質」『日植病報』73: 77-78。

*11 T. Hoshino, T. Nakabayashi, H. Matsuno, K. Hirota, R. Koiwa, S. Fujiu, I. Saito, O.B.

Tkachenko, H. Matsuyama & I. Yumoto (2009) *Paenibacillus maquariensis* subsp. *defensor* subsp. nov. isolated from boreal soil. *Int. J. Sys. Evol. Microbiol.* 59: 2074-2079.

*12 酒井昭徳（1958）「勝山市に於ける麦類雪腐病の分布について」『福井県立勝山高等学校研究紀要』4: 19。

*13 N. Iriki, D.A. Gaudet, A.M. Tronsmo, N. Matsumoto, M. Yoshida & A. Nishimune (eds.) (2001) *Low Temperature Plant Microbe Interactions Under Snow.* Hokkaido National Agricultural Experimental Station, Sapporo.

*14 R. Imai, M. Yoshida & N. Matsumoto (eds.) (2013) *Plant and Microbe Adaptations to Cold in a Changing World.* Springer, New York, NY.

*16 横田俊一（1983）「北海道におけるスクレロデリス枝枯病、特に病原菌とその病原性」『林試研報』321: 89-116。

秋本正信（1992）「*Microsphaeropsis* 属菌によるミズキの茎枯病（新称）について」『日林北支論』40: 27-29。

*19 J. D. Smith, N. Jackson & A. R. Woolhouse (1989) *Fungal diseases of amenity turf grass.* E & F.N. Spon, New York, NY.

*21 佐藤邦彦、庄司次男、太田昇（1960）「針葉樹苗の雪腐病に関する研究 II —暗色雪腐病—」『林試研報』124: 21-100。

D. Cheng & T. Igarashi (1987) Fungi associated with natural regeneration of *Picea jezoensis* CARR. in seed stage. - Their distribution on forest floors and pathogenicity to the seeds-. *Res. Bull. Coll. Exp. Forests, Hokkaido Univ.* 44: 175-188.

D. Cheng & T. Igarashi (1988) Histopathology of Yezo spruce and Glehn's spruce seeds infected by the dark snowblight causal fungus *Racodium therryanum. J. Jpn. For. Soc.* 70: 344-351.

*22 Y. Sakamoto, T. Miyamoto (2005) Racodium snow blight in Japan. *For. Pathol.* 35: 1-7.

*23 坂本泰明、佐々木克彦、山口岳広（1995）「天然更新を阻害する暗色雪腐病の発生生態と防除」『森総研平成 7 年度研究成果選集』: 32-33。

*24 小野馨（1974）「トドマツ種子のえぞ雷丸病に関する研究」『林試研報』268: 49-80。

*26 Y. Yajima, S. Inaba, Y. Degawa, T. Hoshino & N. Kondo (2013) Ultrastructure of cyst-like fungal bodies in myxomycetes fruiting bodies. *Karstenia* 53: 55-65.

*27 A. C. Bouket, M. Arzanlou, M. Tojo & A. Babai-Ahari (2015) *Pythium kandovanense* sp. nov., a fungus-like eukaryotic micro-organism (Stramenopila, Pythiales) isolated from snow-covered ryegrass leaves. *Int. J. Sys. Evol. Microbiol.* 65: 2500-2505.

第 3 章

*3-2 I.P.S. Khurana (1980) The Clavariaceae of India. XIV. The genus Typhula. *Mycologia* 72: 708-727.

*4 P. Titone, M. Mocioni, A. Garibaldi & M.L.P. Gullino (2003) First Report of Typhula

Blight on *Agrostis stolonifera* and *Poa annua* in Italy. *Plant Dis.* 87: 875.

T. Hoshino, M.R. Asef, M. Fujiwara, I. Yumoto, R. Zare (2007) One of the southern limits of geographical distribution of sclerotium forming snow mold fungi: First records of *Typhula* species from Iran. *Rostaniha* 8: 35-45.

田杉平司（1936）「麥類雪腐病に就て」『日植病報』6: 155-156。

*6 D. Schmidt (1976) Observations on snow mould affecting grasses. *Rev. Suisse Agric.* 8: 369-276.

H. Andres, H. Hindorf, H. Fehrmann & J. Trägner-Born (1987) Untersuchungen zum Auftreten und zur Verbreitung von Typhula-Arten an Wintergetreide im östlichen Franken und Bayerischen Wald. *Z. Pflanzenkrank. Pflanzenschutz* 94: 491-499.

M. Dynowska (1983) Badania nad grzybami z rodzaju *Typhula* Fr. emend Karst. pochodzącymi z terenu województwa olsztyskiego I. *Acta Mycol.* 19: 283-296.

O. B. Tkachenko (2013) Snow mold fungi in Russia. In: R. Imai, M. Yoshida & N. Matsumoto (eds.) *Plant and Microbes Adaptations to Cold in a Changing World.* Springer, New York, NY, pp. 293-303.

T. Hoshino, N. Xiao & O.B. Tkachenko (2009) Cold adaptation in phytopathogenic fungi causing snow mold. *Mycoscience* 50: 26-38.

*7 R.W.G. Dennis, D.A. Reid & B.M. Spooner (1977) The Fungi of the Azores. *Kew Bull.* 32: 85-136.

*8-1 T. Hoshino, I. Saito & A.M. Tronsmo (2003) Two snow mold fungi from Svalbard. *Lidia* 6: 30-32.

T. Hoshino, I. Saito, I. Yumoto & A.M. Tronsmo (2006) New findings of snow mold fungi from Greenland. *Medd. Grønland Biosci.* 56: 89-94.

*8-2 A.G. Shiryaev & V.A. Mukhin (2010) Clavarioid-type fungi from Svalbard: Their spatial distribution in the European High Arctic. *North Am. Fungi* 5: 67-84.

*9 J.W. Wilson (1951) Observations on concentric 'fairy rings' in Arctic moss mat. *J. Ecol.* 39: 407-416.

R.E. Longton (1973) The occurrence of radial infection patterns in colonies of polar bryophytes. *Br. Antarc. Surv. Bull.* 32: 41-49.

M. Ridley, C. Gillow, D. Perkins & J. Ogilvie (1979) Oxford University expeditions to Svalbard 1978. *Bull. Oxf. Univ. Explor. Club. New Series, Commem.* Vol. 29-79.

*12 T. Hoshino, M. Tojo, N. Matsumoto & A.M. Tronsmo (2011) Snow molds in the Arctic and their occurrence under climate change in Svalbard and Hokkaido, northern Japan. *Kortrapport/Breif Report Series (The Norwegian Polar Institute)* 21: 29-30.

*13 J. H. McBeath (2002) Snow mold-plant-antagonist interactions: survival of the fittest under the snow. *The Plant Health Instructor*. doi: 10.1094/PHI-I-2002-1010-01.

*15 A.A. Christen (1979) Formation of Secondary Sclerotia in Sporophores of Species of *Typhula*. *Mycologia* 71: 1267-1269.

*16 M. Tojo & S. Nishitani (2005) The effects of the smut fungus *Microbotryum bistotarum* on survival and growth of Polygonum vivparum in Svalbard. *Can. J. Bot.* 83: 1513-1517.

*17 R. D. Wilcoxson & E.E. Saari (eds.) (1996) *Bunt and Smut Diseases of Wheat: Concept and Methods of Disease Management*. CIMMYT, El Batán.

*18 Y. Yamazaki, M. Tojo, T. Hoshino, K. Kida, T. Sakamoto, H. Ihara, I. Yumoto, A.M. Tronsmo & H. Kanda (2011) Characterization of *Trichoderma polysporum* from Spitsbergen, Svalbard archipelago, Norway, with species identity, pathogenicity to moss, and polygalacturonase activity. *Fungal Ecol.* 4: 15-21.

M. Kamao, M. Tojo, Y. Yamazaki, T. Itabashi, D. Wakana & T. Hosoe (2016) Isolation of growth inhibitors of the snow rot pathogen *Pythium iwayamai* from an arctic strain of *Trichoderma polysporum*. *J. Antibiot.* (Tokyo) 69: 451-455.

*19 I.J. Gamundi & H.A. Spinedi (1987) *Sclerotinia antarctica* sp. nov., The teleomorph of the first fungus described Antarctica. *Mycotaxon* 29: 81-89.

*20 Y. Yajima, M. Tojo, B. Chen & T. Hoshino (2017) *Typhula* cf. *subvariabilis*, new snow mold in Antarctica.et al. *Mycology* 8: 147-152.

*22 S.H. Ali, S.A. Alias, H.L. Siang, J. Smykla, K.-L. Pang, S.-Y. Guo & P. Convey (2013) Studies on diversity of soil microfungi in the Hornsund area, Spitsbergen. *Pol. Polar Res.* 34: 39-54.

L.H. Rosa, L. Almeida Vieira Mde, I.F. Santiago & C.A. Rosa (2010) Endophytic fungi community associated with the dicotyledonous plant *Colobanthus quitensis* (Kunth) Bartl. (*Caryophyllaceae*) in Antarctica. *FEMS Microbiol. Ecol.* 73: 178-189.

G.A. Kochkina, S.M. Ozerskaya, N.E. Ivanushkina, N.I. Chigineva, O.V. Vasilenko, E.V. Spirina & D.A. Gilichinskii (2014) Fungal diversity in the Antarctic active layer. *Microbiology* (Moscow) 83: 94-101.

V.N. Gonçalves, A.B.M. Vaz, C.A. Rosa & L.H. Rosa (2012) Diversity and distribution of fungal communities in lakes of Antarctica. *FEMS Microbiol. Ecol.* 82 459-471.

*23 D.L.Hawksworth (1973) *Thyronectria* antarctica (Speg.) Seeler var. *hyperantarctica* D. Hawksw. var. nov. *Br. Antarc. Surv. Bull.* 32: 51-53.

J.H.C. Fenton (1983) Concentric fungal rings in Antarctic moss communities. *Tr. Br. Mycol. Soc.* 80: 413-420.

R. E. Longton (1973) The occurrence of radial infection patterns in colonies of polar bryophytes. *Br. Antarc. Surv. Bull.*, 32: 41-49.

*24-1 L. Greenfield (1983) Thermophilic fungi and actinomycetes from Mt. Erebus and fungus pathogenic to *Bryum antarcticum* at Cape Bird. *NZ. Antarctic Record* 4: 10-11.

*24-2 K.B. Boedijn (1958) Notes of the Mucorales of Indonesia. *Sydowia* 38: 321-362.

高島勇介（2016）「*Rhizopodopsis javensis* Boedijn の再発見」『日本菌学会 NL』2016 年 1 月号 : 6-7。

第4章

*2 N.S. Panikov & M.V. Sizova (2007) Growth kinetics of microorganisms isolated from Alaskan soil and permafrost in solid media frozen down to −35°C. *FEMS Microbiol. Ecol.* 59: 500-512.

*5-2 田近英一（2007）「全球凍結と生物進化」『地学雑誌』116: 79-94。

*6-1 T.N. Taylor, J. Galtier & B.J. Axsmith (1994) Fungi from the Lower Carboniferous of central France. *Rev. Paleobot. Palynol.* 83: 253-260.

*6-2 N. Matsumoto, T. Hoshino, G. Yamada, A. Kawakami & Y. Hoshino-Takada (2010) Sclerotia of *Typhula ishikariensis* biotype B (Typhulaceae) from archaeological sites (4,000 to 400 BP) in Hokkaido, northern Japan. *Am. J. Bot.* 97: 433-437.

*6-3 G.O. Poinar Jr. & A.E. Brown (2003) A non-gilled hymenomycete in Cretaceous amber. *Mycol. Res.* 107: 763-768.

*9 M. Tsuji, Y. Yokota, K. Shimohara, S. Kudoh & T. Hoshino (2013) An application of wastewater treatment under cold environments and stable lipase production of Antarctic basidiomycetous yeast *Mrakia blollopis*. *PLoS ONE* 8: e59376.

*11-1 A.H. Rose (1968) Physiology of Micro-organisms at Low Temperatures. *J. Appl. Bacteriol.* 31: 1-11.

C.M. Brown & A.H. Rose (1969) Effects of temperature on composition and cell volume of *Candida utilis*. *J. Bacteriol.* 97: 261-272.

*12 E. Ekstrand (1955) Höstsädens och vallgräsens overwintring. *Stat. Växtskyddsanst. Medd.* 67: 1-125.

*13 V.L. Stakhov, S.V. Gubin, S.V. Maksimovich, D.V. Rebrikov, A.M. Savilova, G.A. Kochkina, S.M. Ozerskaya, N.E. Ivanushkina & E.A. Vorobyva (2008) Microbial communities of ancient seeds derived from permanently frozen Pleistocene deposits. *Mikrobiologia* 77: 348-355.

S. Ozerskaya, G. Kochkina, N. Ivanushkina & D. A. Gilichinsky (2009) Fungi in Permafrost. In: R. Margesin (ed.) *Permafrost Soils*. Springer, New York, NY, pp.85-95.

*14 高松進（1989）「麦類雪腐病——とくに褐色雪腐病の発生生態に関する研究」『福井県農試特別報』9: 1-135。

*15 岩山新二（1933）「富山県下にて積雪下に麦類を腐敗せしむる一新病害に就いて（1）」『富山農試報』: 1-18。

*16 T. Hoshino, A.M. Tronsmo, N. Matsumoto, T. Araki, F. Georges, T. Goda, S. Ohgiya & K. Ishizaki (1988) Freezing resistance among isolate of a psychrophilic fungus, *Typhula ishikariensis* from Norway. *Proc. NIPR Symp. Polar Biol.* 11: 112-118.

*17 富山宏平（1949）「北海道に於ける麥類雪腐病に就いて」『日植病報』13: 70。

富山宏平（1951）「*Typhula Itoana* 及び *Sclerotinia graminearum* の凍結培養基上の發育比較」『日植病報』15: 79。

富山宏平（1955）「麥類雪腐病に關する研究」『北海道農試報』47: 1-234.

*19-1　G.W. Bruchl & B.M. Cunfer（1971）Physiologic and environmental factors that affect the severity of snow mold of wheat. *Phytopathology* 61: 792-799.

波川啓士、渡辺剛志、斉藤泉、高澤俊英（2004）「好冷性雪腐大粒菌核病菌 *Sclerotinia borealis* の好乾的環境下での寒天培養における菌糸の成長」『帯大研報』25: 23-26。

*20　斉藤泉（2006）「雪腐病を起こす低温性 Sclerotinia の種と種内分化」『日植病北支年報』33: 13-19。

*21　M. Tsuji, S. Fujiu, N. Xiao, Y. Hanada, S. Kudoh, H. Kondo, S. Tsuda & T. Hoshino（2013）Cold adaptation of fungi obtained from soil and lake sediment in the Skarvsnes ice-free area, Antarctica. *FEMS Microbiol. Lett.* 346: 121-130.

星野保、辻雅晴、横田祐司、工藤栄、内海洋、湯本勲（2016）「南極産酵母の環境適応機構の解明とその産業利用」『生物工学』94: 329-331。

*22　T. Hoshino, N. Xiao & O.B. Tkachenko（2009）Cold adaptation in phytopathogenic fungi causing snow mold. *Mycoscience* 50: 26-38.

*25-1　J.G Duman & T.M. Olsen（1993）Thermal Hysteresis Protein Activity in Bacteria, Fungi, and Phylogenetically Diverse Plants. *Cryobiology* 30: 322-328.

*26　W.J. Newstead, S. Polvis, E. Kendall, M. Saleem, M. Koch, A. Hussain, A.J. Culter & F. Georges（1994）A low molecular weight peptide from snow mold with epitopic homology to winter flounder antifreeze protein. *Biochem. Cell Biol.* 72: 152-156.

*27　C.S. Snider, T. Hsiang, G.Y. Zhao & M. Griffith（2000）Role of ice nucleation and antifreeze activities in pathogenesis and growth of snow molds. *Phytopathology* 90: 354-361.

*28-1　T. Hoshino, M. Kiriaki, S. Ohgiya, M. Fujiwara, H. Kondo, Y. Nishimiya, I. Yumoto & S. Tsuda（2003a）Antifreeze proteins from snow mold fungi. *Can. J. Bot.* 81: 1171-1181.

T. Hoshino, M. Kiriaki & T. Nakajima（2003b）Novel thermal hysteresis proteins from low temperature basidiomycete, *Coprinus psychromorbidus*. *Cryo-Lett.* 24: 135-142.

T. Hoshino, N. Xiao & O.B. Tkachenko（2009）Cold adaptation in the phytopathogenic fungi causing snow molds. *Mycoscience* 50: 26-38.

*28-2　大室繭（2016）「ビールを造る小さな主役」『生物工学会誌』94: 562。

*28-3　M. Tsuji, S. Kudoh & T. Hoshino（2015）Draft genome sequence of cryophilic basidiomycetous yeast *Mrakia blollopis* SK-4 isolated from an algal mat of Naga-ike lake in Skarvsnes ice-free area, East Antarctica. *Genome Announc.* 3: e014554-14.

*29　M. Griffith, M.W. Yaish（2004）Antifreeze proteins in overwintering plants: a tale of two activities. *Trends Plant Sci.* 9: 399-405.

*30　J.A. Raymond, M.G. Janech（2009）Ice-binding proteins from enoki and shiitake mushrooms. *Cryobiology* 58: 151-156.

*31　H. Kondo, Y. Hanada, H. Sugimoto, T. Hoshino, C.P. Garnham, P.L. Davies & S. Tsuda（2012）Ice-binding site of snow mold fungus antifreeze protein deviates from structural

regularity and high conservation. *Proc. Natl. Acad. Sci. USA* 109: 9360-9365.

第 5 章

*1 (2016)「達人対談　菌類の達人 星野保 VS ビートたけし キノコを求めてシベリアをゆく」『新潮 45』35 (7)、270-281。

*2-1 星野保、浦野光一郎、五島徹也 (2019)「広島県北部における雪腐病の記録およびガマノホタケ属担子菌の報告」『高原の自然史』18: 1-18。

広島県立農業試験場 (1947)『昭和 22 年病害虫発生予察及早期発見事業年報』: 36-38。

*2-2 著者不明 (1935)「雑報」『病虫雑』22: 834。

*2-3 堀正太郎 (1914)「小麦菌核病防除法質問並答」『大日本農会報』394: 52。

*4 堀正太郎 (1934)「麦雪腐病の古記録」『病虫雑』21: 165-166。

*12 酒井惇一 (1988)「戦後東北における水田二毛作の展開過程」『農業経済研究報告』22: 1-30。

*16 金谷匡人 (2017)「「防長風土注進案」にみる麦と粟・黍・稗」『山口県文書館研究紀要』44: 1-28。

*17 氏家幹人 (2015)『思忠志集』件名細目 (下)、北の丸 47: 28-139。

*19 大澤隆幸 (2005)「雪女はどこから来たか」『国際関係・比較文化研究』4: 69-86。

*25 星野保 (2018)「雪解け後の枯草を「シミガレ」って呼んでますか？」『菅平生き物通信』第 63 号。

*28 今田三哲 (2007)「「天保の飢饉」に思う」『いちもん』71: 68-74。

*34 高野圭三 (1955)「灌漑麦作の研究 (第 1 報)：島根県三瓶南山麓に於ける灌漑麦作の実態」『島根農科大学研究報告』3: 20-26。

*35 古川貞夫 (1998)「石見浜田藩の水内・高井郡所領について」『長野』197 : 15-23。

第 6 章

*3 増渕翔太、塘忠顕 (2014)「福島県裏磐梯地域の池沼に生息するヒメシロカゲロウ属の一種 (カゲロウ目：ヒメシロカゲロウ科)」『磐城朝日遷移プロジェクト報告書』: 110-116。

*4 真鍋大覚、川勝紀美子 (1968)「屋久島杉の年輪から解析された古代気象の永年変化と大風の変遷」『九大農演習林週報』22: 127-167。

*6 水沼正樹、平田大 (2011)「出芽酵母の寿命研究の現状と展望」『日本醸造協会誌』106: 794-800。

*8 K. Byrne & R.A. Nichols (1999) *Culex pipiens* in London Underground tunnels: differentiation between surface and subterranean populations. *Heredity* 82: 7-15.

*9 K. Årsvoll (1976) Mutual antagonism between isolates of *Typhula ishikariensis* and *Typhula incarnata*. *Meld. Norge Landbrukshøskole* 55: 19-24.

*10　N. Matsumoto, K. Uchiyarna & S. Tsushima (1996) Genets of *Typhula ishihariensis* biotype A belonging to a vegetative compatibility groups. *Can. J. Bot.* 74: 1695-1700.

N. Matsumoto, A. Kawakami & S. Izutsu (2000) Distribution of *Typhula ishrkariensis* belonging to a predominant mycelia biotype A isolates compatibility group. *J. Gen. Plant Pathol.* 66: 103-104.

星野保、切明路子（2003）「利尻・礼文島の雪腐病菌」『利尻研究』22: 1-6。

*11　K. Peay & T.D. Bruns (2014) Spore dispersal of basidiomycete fungi at the landscape scale is driven by stochastic and deterministic processes and generates variability in plant-fungal interactions. *New Phytol.* 204: 180-190.

*12　B.M. Cunfer & G.W. Bruehl (1973) Incompatibility alleles of Typhula incarnata. *Phytopathology* 63: 115-120.

*13　Y. Ota, N. Matsushita, E. Nagasawa, T. Terashita, K. Fukuda & K. Suzuki (1998) Biological Species of *Armillaria* in Japan. *Plant Dis.* 82: 537-543.

*14　R. Vreeland, W.D. Rosenzweig & D.W. Powers (2000) Isolation of a 250 million-year-old halotolerant bacterium from a primary salt crystal. *Nature* 407: 897-900.

*15-2　N. Matsumoto & T. Sato (1983) Niche Separation in the Pathogenic Species of *Typhula*. *Ann. Phytopath. Soc. Jpn.* 49: 293-298.

*16　T. Hoshino, M. Gaard, M. Kiriaki & I. Yumoto (2004) A snow mold fungus *Typhula incarnata* from the Faroe Islands. *Acta Bot. Isl.* 14: 71-76.

*17　T. Hoshino, M.R. Asef, M. Fujiwara, I. Yumoto & R. Zare (2007) One of the southern limits of geographical distribution of sclerotium forming snow mould fungi: first records of Typhula species from Iran. *Rostaniha* 8: 35-45.

*18　H. Röed (1969) A contribution to the clarification of the relationship between *Typhula graminum* Karst. and *Typhula incarnata* Lasch ex Fr. *Friestia* 9: 219-225.

W.C. McDonald (1961) A review of the taxonomy and nomenclature of some low-temperature forage pathogens. *Can. Plant Dis. Survey* 41: 256-260.

*19-1　N. Matsumoto, J. Abe & T. Shimanuki (1995) Variation within isolates of *Typhula incarnata* from localities differing in winter climate. *Mycosciecne* 36: 155-158.

松本直幸（2015）「菌核に反映される雪腐小粒菌核病菌の生活史戦略」『植物防疫』69: 48-53。

*19-2　H. Maraite, M. Kint, J. Monfort & J.A. Meyer (1981) Germination des sclerotes, vitesse de croissance et optimum thermique d'isolats Belges et etrangers de *Typhula incarnata* Lasch ex Fries. *Med. Fac. Landbouw. Rijksuniv. Gent* 46: 831-840.

*20　T. Hoshino, M. Prończuk, M. Kiriaki & I. Yumoto (2004) Effect of temperature on the production of sclerotia by a psychrotrophic fungus, *Typhula incarnata,* in Poland. *Cz. Mycol.* 56: 113-120.

*21　M. Dynowska (1983) Badania nad grzybami z rodzaju *Typhula* Fr. emend Karst. pochodzącymi z terenu województwa olsztyńskiego I. *Acta Mycol.* 19: 283-296.

*22 H. Andres, H. Hindorf, H. Fehrmann & J. Trägner-Born (1987) Untersuchungen zum Auftreten und zur Verbreitung von Typhula-Arten an Wintergetreide im östlichen Franken und Bayerischen Wald. *Z. Pflanzenkrank. Pflanzenschutz* 94: 491-499.

*23 J. Benda (1976) The occurrence of *Typhula ishikariensis* on winter wheat in Czechoslovakia. *Ochrana Rostlin* 12: 315-317.

*24 O.B. Tkachenko, N. Matsumoto & T. Shimanuki (1997) Matting patterns of east-European isolates of *Typhula ishikariensis* S. Imai with isolates from distant regions. *Phytopathol.* 31: 68-72.

*25 Y. Nagano, M. Konishi, T. Nagahama, T. Kubota, F. Abe & Y. Hatada (2010) Retrieval of deeply buried culturable fungi in marine subsurface sediments, Suruga-bay, Japan. *Fungal Ecol.* 3: 316-325.

長野由梨子、長濱統彦（2010）「深海環境における真菌多様性」『高圧力の科学と技術』4：321-329.

*26 T. Hoshino, S. Takehashi, M. Fujiwara & T. Kasuya (2009) *Typhula maritima*, a new species of *Typhula* collected from coastal dunes in Hokkaido, northern Japan. *Mycscience* 50: 430-437.

第7章

*1 G. Bartoli (2009) *Avec ou sans les dents: 42 histoires invraisemblables mais vraies dont un timbre fut un jour le hèros...*, JC Lattès, Paris.

*10 Y. Ding, M. Fromm & Z. Avramova (2012) Multiple exposures to drought 'train' transcriptional responses in *Arabidopsis. Nat. Comm.* 3: 740.

*13 R.P. Boisseau, D. Vogel & A. Dussutour (2016) Habituation in non-neural organisms: evidence from slime moulds. *Proc. R. Soc.* B 283: 20160446.

*14 D. Vogel & A. Dussutour (2016) Direct transfer of learned behavior via cell fusion in non-neural organisms. *Proc. R. Soc.* B 283: 20162382.

*19 F. Durand (2017) Evolution, reproduction and autopoiesis. *Herv. Teol. Stud.* 73: 11-17.

J. Mingers (1997) Systems typologies in the light of autopoiesis: A reconceptualization of Boulding's hierarchy, and a typology of self-referential systems. *Syst. Res. Behav. Sci.* 14: 303-313.

*20 O.B. Tkachenko (1995) Adaptation of the fungus *Typhula ishikariensis* Imai to soil inhabitance. *Mycol. Phytopathol* 29: 14-19.（露文、英文要旨）

*21 C.H. Johnson (2004) As time glows by in bacteria. *Nature* 430: 23-24.

著者紹介

星野 保（ほしの・たもつ）

1964年東京都生まれ。名古屋大学大学院農学研究科博士後期課程満期退学。博士（農学）。本書執筆時の所属は産業技術総合研究所生命工学領域研究戦略部、現在は八戸工業大学工学部生命環境科学科教授。専門は菌類の低温適応とその産業利用。著書に『菌世界紀行――誰も知らないきのこを追って』（岩波書店）。誰もが楽しく読め、かつわかりやすい、寒さと生きる菌類の解説を心がけている。しかし、意図せず滑った文章を放ち、周囲を凍らせる、こおりタイプの特性をもつ。

菌は語る――ミクロの開拓者たちの生きざまと知性

2019年8月11日　第1刷発行

著者――――――星野 保
発行者―――――神田 明
発行所―――――株式会社 春秋社
〒101-0021 東京都千代田区外神田2-18-6
電話 03-3255-9611
振替 00180-6-24861
http://www.shunjusha.co.jp/
印刷・製本―――萩原印刷 株式会社
装丁――――――高木達樹

ISBN978-4-393-42135-2
定価はカバー等に表示してあります